超级问问问
动物自然

（日）学研教育出版·编著
庞思思·译

化学工业出版社
·北京·

有一天，动物园来了几个特别喜欢动物的孩子。

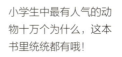

阅读指南

你也来挑战一下动物的十万个为什么吧！

我们请100位小学生选出他们最想知道的90个动物问题。按照大家想知道的顺序，从90位到1位来排列。

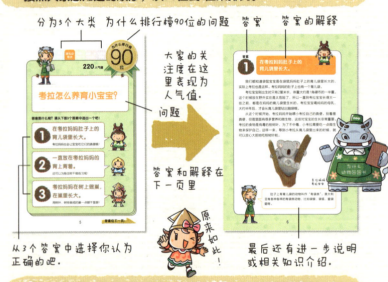

如果你回答正确，请在成绩计算表（186页~）上画圆圈吧。

页数	排名	问题	对错标记
5	90	考拉怎么养育小宝宝？	
7	89	有没有产卵的哺乳动物？	
9	88	日本有狼吗？	
11	87	乌贼的头在哪里？	

努力试试！ 这里！ 你能答对几问？

4

哺乳动物类

220 人气值

为什么排行榜 **90** 位

考拉怎么养育小宝宝?

答案是什么呢?请从下面3个答案中选出一个吧!

1 在考拉妈妈肚子上的育儿袋里长大。
考拉妈妈也会让宝宝吃它们的粪便哦!

2 一直放在考拉妈妈的背上背着。
还可以为抱住树干做练习呢!

3 考拉妈妈在树上做巢,在巢里长大。
用树叶、树枝做成的巢一点都不显眼!

答案在下一页!

答案 **1**

在考拉妈妈肚子上的育儿袋里长大。

我们都知道袋鼠宝宝是在袋鼠妈妈肚子上的育儿袋里长大的，实际上考拉也是这样。考拉妈妈的肚子上也有一个育儿袋。

考拉宝宝刚出生时只有2厘米长，体重大约是1元硬币的重量。这个时候放在野外实在是太危险了，所以一直到考拉宝宝长得大一些之前，都是在妈妈的育儿袋里生长的。考拉宝宝喝妈妈的母乳，大约半年后，才会从育儿袋里钻出脑袋哦。

从这个时候开始，考拉妈妈开始喂小考拉自己的粪便。别看是粪便，但是里面有很多营养和微生物，这些对宝宝的生长非常重要。考拉的食物是有毒的桉树叶，为了不中毒，小考拉需要吃一点微生物来保护自己。这样一来，等到小考拉从育儿袋里出来的时候，就可以放心大胆地吃桉树叶啦。

含住妈妈乳头的考拉宝宝

肚子上有育儿袋的动物叫作"有袋类"。澳大利亚有各种各样的有袋类动物，比如袋狼、袋狐、蜜袋鼯等。

哺乳动物类

222 人气值

有没有产卵的哺乳动物？

答案是什么呢？请从下面3个答案中选出一个吧！

1 没有，哇乳动物不会产卵。
只有生宝宝的动物才叫作哺乳动物！

2 有，鸭嘴兽就是产卵的哺乳动物。
产卵之后用母乳喂养哦！

3 大部分的哺乳动物都会产卵。
营养不够的时候就会产卵！

答案在下一页！

答案 2 有,鸭嘴兽就是产卵后用母乳喂养的哺乳动物。

哺乳类动物是从爬行类动物进化来的。"哺乳"的"哺"字是用嘴喂食、喂养的意思。因此,用母乳喂养宝宝的动物,就是哺乳动物。

哺乳类大多不产卵,将宝宝直接生出来养育,但是也有例外。这个例外就是鸭嘴兽,它们是产卵的。鸭嘴兽妈妈将鸭嘴兽宝宝从卵中孵出来之后,再用乳汁喂养宝宝。

鸭嘴兽是非常古老的哺乳动物,它们没有乳头,只有乳腺,肚子上的乳腺叫作"乳区",乳汁从乳腺的毛孔分泌出来。哺育时,鸭嘴兽妈妈仰卧着,鸭嘴兽宝宝趴在妈妈腹部,用嘴压挤乳腺,挤出乳汁,再舔食被乳汁染湿的毛束。

鸭嘴兽妈妈和宝宝

鸭嘴兽的嘴巴像鸭子一样扁扁的,足部有蹼,是"游泳健将"。鸭嘴兽只生存在澳大利亚。

哺乳动物类

222 人气值

为什么排行榜 **88** 位

日本有狼吗?

答案是什么呢?请从下面3个答案中选出一个吧!

1 没有,但是有很像狼的野狗。
古时候的日本野狗很多!

2 当然有,现在北海道还有狼。

3 有过,但是已经灭绝了,现在没有了。
1905年在日本发现了最后一只狼!

答案在下一页!

答案 3

真的有过，1905年发现了最后一只狼，之后狼在日本就灭绝了。

日本的狼分为两种，有北海道的"虾夷狼"和本州、四国、九州的"日本狼"。

在日本明治时代，随着对北海道地区的开发，虾夷狼的猎物减少，它们开始袭击家畜，因而被人类大量杀死。到了1889年左右，虾夷狼的踪迹彻底消失了。

日本狼也在1905年于奈良县捕捉到一头雄狼之后就灭绝了。灭绝的原因一是日本狼是家畜的天敌，二是在过去，人们把日本狼看作是狂犬病和犬瘟热等瘟病扩散的原因（实际上并不是通过日本狼传播的，而是从欧洲传入日本的）。就这样，日本狼遭到人类的大量屠杀。

其实，在中国的中国狼命运与日本狼相似，只是还没有到灭绝的地步。

奈良发现的最后的日本狼雕像

在人类砍伐森林之前，狼是不会跑到人类居住的地方的。但是随着人类对森林的破坏，狼开始侵入人的生活领域，成为人类厌恶的动物。

图片：奈良县东吉野村教育委员会

为什么排行榜 87 位

223 人气值

乌贼的头在哪里？

答案是什么呢？请从下面3个答案中选出一个吧！

1 就是三角形的箭头部位。
因为这里是乌贼触手（足）的另一侧！

2 在触手的根部附近。
从头部直接长出触手！

3 在三角形箭头的下方。
好像戴了一顶安全帽！

答案在下一页！

答案 2

乌贼的头长在触手的根部附近。

尖尖的箭头部位看起来像是乌贼的头，实际上这是乌贼的躯干哦。箭头形的部位是乌贼的鳍。乌贼的头长在10根触手（或足）的根部位置。乌贼的眼睛和嘴巴也长在这里。也就是说，乌贼是一种足生在头顶上的动物。我们把这样的动物称为"头足类"。章鱼也是头足类动物。

动物的头通常长在身体的上方。但是乌贼是足在头顶部、躯干在头下部的动物。章鱼的足也在头顶上哦。

乌贼的身体

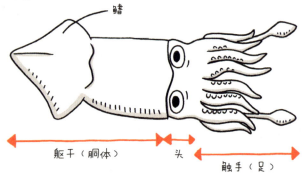

躯干（胴体）　头　触手（足）　鳍

乌贼和章鱼等头足类动物与贝类一样，都属于"软体动物"。头足类动物还有鹦鹉螺。乌贼体内有内壳，又叫海螺鞘，以支撑柔软的身体。

节肢动物					

224 人气值

为什么排行榜 **86** 位

屎壳郎为什么要推粪球?

答案是什么呢?请从下面3个答案中选出一个吧!

 1 互相碰撞打架用。
雄性屎壳郎之间要分出胜负!

 2 作为礼物献给雌性屎壳郎。
一边推粪球一边寻找另一半的身影!

 3 作为屎壳郎宝宝的食物。
要推到一个安全的地方哦!

答案在下一页!

答案 3

粪球是屎壳郎宝宝的食物，要搬到安全的地方去。

人们把推粪球的粪虫叫作"屎壳郎"。屎壳郎的学名是蜣螂，除了海洋中和南极洲均有分布。

粪便是蜣螂的食物，不但自己要吃，还要喂蜣螂宝宝吃。它们将哺乳动物的粪便推成圆形，再推到安全的地方保存。推粪球的时候蜣螂会倒立起来，用后足去推。

当蜣螂发现适合保存粪球的地方，就会挖一个小洞，把团好的粪球推到洞里，然后开始产卵。蜣螂宝宝在粪球里孵出来，吃粪球，在粪球里长大。

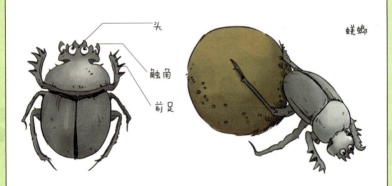

蜣螂

也有很多粪虫并不搬运粪球，而是将粪球直接埋在地下，如果世界上没有吃粪便的虫类，那么荒山野岭中就会到处都是粪便。

224 人气值

都说"雀蒙眼",鸟类在夜晚真的看不见东西吗?

答案是什么呢?请从下面3个答案中选出一个吧!

① 没有的事,鸟类在晚上也能看见东西。
这是以前人们的偏见哦!

② 鸟类在夜晚确实看不清楚。
所以鸟儿才在白天拼命啼叫!

③ 变暗的话鸟儿就困了。
与其说鸟儿看不见了,不如说是它们不去看了!

答案在下一页!

答案 1

没有的事，鸟类在夜晚也能看见东西。

"雀蒙眼"形容在暗处就看不清楚东西的夜盲症，说起来好像是鸟类在暗处或夜间就没办法视物。实际上并不是这样的，鸟儿在晚上也一样看得很清楚。鸟类多在白天活动，这让以前的人们以为它们在暗处看不清东西。

枭、夜鹰等夜间活动的鸟类在暗处视力非常好，根本不是"雀蒙眼"。它们在树上就能看见地上的老鼠，就连老鼠发出的非常微弱的声音它们都不会错过。

黑暗中捉到老鼠的雌枭

眼睛的深处有"视网膜"，上面排列着感知光的点和感知颜色的点。在夜间活动的鸟类的眼睛深处有很多感知光的点，所以即使是在暗处也能看得很清楚。

哺乳动物类

225 人气值

猫和狗真的关系不好吗？

答案是什么呢？请从下面3个答案中选出一个吧！

 狗狗是很喜欢猫咪的。
是猫咪讨厌狗狗！

 假的，狗狗和猫咪很快就会成为好朋友。
只是最开始关系不好而已！

 真的，大部分的猫和狗都不能友好相处。
但是一起喂养的话就没关系了哦！

答案在下一页！

答案 3

真的，只要没有一起喂养，一般的猫和狗都会打架。

我们很难见到猫和狗友好相处的画面。这是因为猫和狗是两种不同的动物。在自然界中，不同种类的动物和平相处几乎是不可能的。可以说如果不是在猫咪和狗狗很小的时候就一起喂养的话，它们的关系几乎不会好。

狗狗本身是群居狩猎的动物，非常听从首领的命令。而猫咪本身是独自狩猎的动物，并不会服从命令。所以狗狗和猫咪虽然都是人类非常喜爱的宠物，但却是两种完全不同的性格呢。

集体捉猎物的狗狗

独自捉老鼠的猫咪

对狗狗来说，主人就像首领一样，会非常服从主人的命令。而天性单独行动的猫咪根本没有把主人当作首领，也不会服从主人的命令。

哺乳动物类

225 人气值

为什么排行榜 **83** 位

奶牛一整年都在产奶吗？

答案是什么呢？请从下面3个答案中选出一个吧！

1 不是的，只有有牛宝宝时才会产奶。
牛奶本来就是给牛宝宝喝的呀！

2 是的，就算牛宝宝长大了也会一直产奶。
所以我们要感谢奶牛呢！

3 不是的，只有半年会产奶。
剩下的半年奶牛要吃草！

答案在下一页！

答案 1

不是的，只有有牛宝宝时才会产奶。

虽然奶牛看起来好像总是有奶，但实际上奶牛和人一样，如果不生宝宝是不会有奶的。只有哺育宝宝时才会产奶。

很多养奶牛的农家只在牛宝宝出生后的第一周喂奶牛的牛奶，之后就用人工的牛奶来喂养了。通常一只奶牛会产10个月的奶，所以除去牛宝宝出生的第一周，人们还有9个月零3周的时间挤用牛奶。

如果养了很多只奶牛，可以将这些奶牛的生产时间调整错开，这样人们一整年都可以挤牛奶了。

正在喝奶的小牛。没有小牛就不会有牛奶。

奶牛产了10个月的牛奶后，要好好休息3个月左右。休息之后，再生产牛宝宝和牛奶。

226 人气值

寄居蟹从出生开始就有壳吗?

答案是什么呢?请从下面3个答案中选出一个吧!

1 生下来就有壳。
像小蜗牛一样!

2 出生的时候并没有。
小时候的样子完全不一样呀!

3 与其说是带着壳出生,不如说是在壳里出生。
妈妈把卵产在了壳里!

答案在下一页!

答案 2 寄居蟹宝宝出生的时候并没有壳。

寄居蟹是一种生活在壳里的动物，但是它们在出生的时候并没有壳。寄居蟹宝宝小时候是虾的形状，又被称为"溞状幼体"。

寄居蟹宝宝小时候在水中浮游生活。渐渐长大后，就会变成像小龙虾的样子，接着它们就沉入海底，寻找适合自己的贝壳，钻进去生活啦。

随着寄居蟹不断长大，贝壳逐渐变得狭小，这个时候它们就会寻找新的更大的贝壳，再"搬家"。

寄居蟹宝宝（溞状幼体）

寄居蟹

在热带的海边，生活着以椰子果为食的椰子蟹。它们的背上没有壳，虽然看起来像螃蟹，却是寄居蟹的同类呢！

节肢动物				

227 人气值

为什么排行榜 **81** 位

潮虫为什么会迅速团成一团？

答案是什么呢？请从下面3个答案中选出一个吧！

1 受到威胁，保护自己。
用坚硬的外壳来保护自己！

2 方便移动。
风一吹就会滚来滚去！

3 一放松就会变成圆形。
只有走路的时候才会用力伸展哦！

答案在下一页！

答案 1　在受到威胁时保护自己。

潮虫，学名叫鼠妇，通常在大石头或者落叶的下面活动。轻轻碰一下它们就会把身体团成一团，这是因为害怕而保护自己的表现。

潮虫的身体由很多节组成，外层是一节一节的甲壳，每一节身体之间通过很薄的表皮连接。当被蜘蛛或蜈蚣袭击时，它们会将身体蜷缩起来保护自己。

潮虫在突然被强光照射时也会将身体缩到甲壳里面团起来。

潮虫

团成一团保护自己。

潮虫从科目上分是虾和螃蟹的同类。出生时虽然是白色的身体，但随着多次蜕皮身体逐渐长大，颜色越来越黑。它们食用落叶。

哺乳动物类

227 人气值

为什么排行榜 **80** 位

大熊猫只吃竹子吗？

答案是什么呢？请从下面3个答案中选出一个吧！

1 ### 是的，只吃竹子。
其他的食物大熊猫不能消化呀！

2 ### 除了竹子还吃别的。
不过竹子是主要食物哦！

3 ### 比较喜欢其他食物。
实际上大熊猫最喜欢吃水果哦！

答案在下一页！

答案 **2**

除了竹子还吃别的。

我们都知道大熊猫主要吃竹子，但是并不是说它们只吃竹子别的东西都不吃。

实际上通过化验野生大熊猫的粪便得知，它们也会吃一些农作物或是人类的剩饭。

在动物园除了喂大熊猫一些竹叶之外，也会喂它们苹果、柿子等水果，或是粗粮、牛奶等各种各样的食物。

大熊猫和熊是近亲，曾是一种食肉动物，但是在中国的山岭中，竹子是一种其他动物基本不会食用的植物，大熊猫以竹子为食，得以生存下来。

从大熊猫的粪便中也发现过鼠兔或田鼠的成分，这样看来大熊猫啃咬坚硬竹子的牙齿也是可以吃其他动物的。

照片：南纪白滨冒险世界

哺乳动物类

227 人气值

为什么排行榜 **79** 位

树懒到底有多"懒"?

答案是什么呢?请从下面3个答案中选出一个吧!

1 除了吃饭其他什么都不做。
懒到无可救药啦!

2 只有寻找伴侣时才会勤快一点。
动作突然就变快了呢!

3 一点都不懒,只是动作慢。
人家只是在节省力气哦!

答案在下一页!

答案 **3**

树懒并不懒,只是动作慢,前进100米需要40分钟呢。

生活在南美洲丛林中的树懒,基本上一整天都会倒挂在树枝上。如果让它们前进100米至少要花费40分钟的时间,速度非常缓慢。

但是树懒的性格并不懒,它们进化的习性就是尽量减少体力消耗,这样它们一天只需要进食60克的树叶或果实就可以存活了。

对树懒来说,地面或许并不是一个安全之所,所以它们就算来到地上,也会迅速找棵树爬上去。

倒挂的树懒

树懒大约8天排泄一次。这时它们会从树上下来,一边抓住树干一边用尾巴在地上挖个小坑来排泄。排泄后再用很多树叶遮盖起来。

哺乳动物类

227 人气值

为什么排行榜 **78** 位

长颈鹿脖子的骨头比其他动物要多吗?

答案是什么呢?请从下面3个答案中选出一个吧!

1 是的,是其他动物的10倍。
长颈鹿的脖子有70块骨头呢!

2 不,和其他动物一样多。
每一块骨头都很长,数量是一样的哦!

3 不,骨头是长的,当然数量比一般动物要少。
都是很长的骨头哦!

答案在下一页!

答案 2

长颈鹿脖子的骨头数量和其他哺乳动物一样多。

脖子长是长颈鹿的一大特征，成年的长颈鹿的脖子会长到2米多长。看上去长颈鹿需要很多骨头来支撑它的长脖子，实际上长颈鹿脖子的骨头只有7块。

以人类为首，哺乳动物脖子的骨头数量大多是7块。只是长颈鹿脖子的每块骨头要比其他哺乳动物长得多。

因为脖子长，长颈鹿呼吸时空气要通过的气管也非常长，这样使得长颈鹿呼吸起来要费劲一些，于是长颈鹿练就了深长的呼吸方式，而且肺非常大。

长颈鹿的脖子

脖子的骨头是7块。

和我脖子的骨头一样多！

为了给自己高高的头部输送血液，长颈鹿的心脏跳动得非常有力。因此它们的血压大约是人类的2倍。

哺乳动物类

228 人气值

为什么排行榜 **77** 位

斑马身上为什么有条纹?

答案是什么呢？请从下面3个答案中选出一个吧！

1 雄斑马为了展示自己的强大。
用条纹来吸引雌斑马哦！

2 父母和孩子之间做的记号。
孩子可以通过条纹来找妈妈呢！

3 为了掩蔽自己，从敌人的视线里消失。
有了条纹，斑马在草原上就不显眼了呢！

答案在下一页！

答案 3 斑马的条纹可以迷惑敌人，将自己隐藏起来。

斑马的条纹虽然看起来很显眼，但是在野生环境中却可以用来迷惑敌人。肉食动物一般会将一只猎物作为目标，将它从群体中赶出来，再追赶捕猎。而斑马是集体行动的动物，它们身上的条纹重叠在一起，敌人很难将自己的目标猎物区分出来，敌人的行动就会变得缓慢。

另外，肉食动物一般都不能细致地区分颜色，斑马的条纹和高高的草丛看起来差不多，这也能帮助斑马在敌人面前隐藏起来。

斑马生活在非洲热带草原上，它们彼此团结互助，共同躲避敌人的追捕。睡觉的时候也一定会有一只斑马站岗放哨，保护大家。

节肢动物

229 人气值

蜜蜂是如何制作蜂蜜的?

答案是什么呢？请从下面3个答案中选出一个吧！

1 蜜蜂喝掉花蜜再通过自己的身体制作蜂蜜。
能做出又甜又香的蜂蜜呢！

2 将采集到的花蜜放在蜂巢里保温发酵。
要放在有阳关照射的地方哦！

3 将采集到的花蜜充分搅拌就成了蜂蜜。
工蜂用足不断地搅拌哦！

答案在下一页！

答案 1 蜜蜂将采集到的花蜜放在肚子里面的"蜜囊"中制作蜂蜜。

　　负责采花蜜的工蜂将花蜜吸入蜜囊，带回蜂巢，再将花蜜吐给专门负责加工花蜜的内勤蜂。

　　内勤蜂将花蜜吸入蜜囊，在蜜囊与口之间反复吞吐，混入转化酶。之后，再吐出贮存在蜂巢中。在蜂巢里经过风吹和水分蒸发，蜂蜜变得越来越浓。这个时候人类就可以采集蜂蜜啦。

将花蜜运回蜂巢的工蜂（野生蜜蜂）

　　一只蜜蜂一次运回来的花蜜大约有一只掏耳小勺的量。而一只蜜蜂一生所能收集的花蜜量最多有5克，自己还要吃掉2克。所以我们吃的蜂蜜是上万只蜜蜂辛苦采来的呢！

为什么排行榜 **75** 位

节肢动物 | 哺乳动物类 | 鸟类·爬行类 | **鱼类·水生物类** | 其他动物类

229 人气值

腔棘鱼为什么被称为"活化石"？

答案是什么呢？请从下面3个答案中选出一个吧！

1 因为身体像石头一样又黑又硬。
看上去和化石长得一样嘛！

2 因为是从化石的卵里孵出来的。
把卵放在水里面就会苏醒过来啦！

3 和鱼祖先一模一样。
这么多年来一直都没变！

答案在下一页！

答案 3 几亿年来，腔棘鱼长得和古老的腔棘鱼化石一样。

古老的动物死后，它们的残骸经过灰尘、火山灰的堆积和漫长岁月的风化变成了石头，这些石头叫作化石。化石中保存的动物，现在基本上已经灭绝了。

腔棘鱼是进化到两栖动物之前的鱼类，大约生活在4亿年前。它们的胸部和腹部的鱼鳍有骨骼支撑，具备鱼类向爬上陆地的两栖动物过渡的特征。人们一度认为这种鱼已经在6500万年前灭绝了，然而1938年在南非西印度洋中发现了它的踪迹。

为什么腔棘鱼能在数亿年中存活下来至今是个谜，但它已经被人们看作是最古老的"活化石"了。

腔棘鱼的胸鳍有骨骼支撑。

和腔棘鱼一样，肺鱼也被称为"活化石"，它也是进化到两栖动物之前的鱼类，平时用鳃呼吸，环境干涸时鱼鳔可当作肺呼吸。

节肢　哺乳动　鸟类·　**鱼类·水**　其他动
动物　物类　爬行类　**生物类**　物类

229 人气值

海马是怎么生出来的?

答案是什么呢？请从下面3个答案中选出一个吧！

1 从雄海马的肚子里生出来的。
不是蛋而是海马宝宝哦！

2 从雌海马的嘴巴里孵出来的。
把蛋放到嘴巴里孵出来哦！

3 截断成年海马的尾巴变成海马宝宝。
卷曲的海马尾巴有分身术哦！

答案在下一页

答案 1　海马宝宝是从雄海马的肚子里生出来的。

海马也是鱼，为什么不像其他鱼类那样产卵，而是从雄海马的肚子里出来一个个海马宝宝呢？

实际上，和袋鼠一样，雄海马的肚子上也有一个育儿袋，雌海马把卵产在这个育儿袋里。200多个海马卵会在雄海马的育儿袋里面待50天左右，一旦海马宝宝长好了，就会从"爸爸"的育儿袋里一个一个地蹦出来啦。

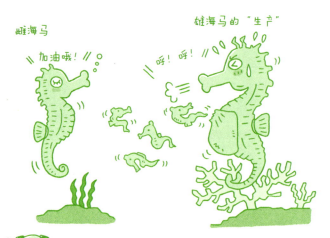

雌海马　　　　　　　　　　雄海马的"生产"
加油哦！　　　　　呼！呼！

雄海马生宝宝的时候，要把尾巴缠在海草上，扭动身体将宝宝们挤出来。因为这是一项很辛苦的工作，有些雄海马在生完宝宝后甚至会累得死去。

鸟类·爬行类

230 人气值

真的有鸟儿不喂养自己的宝宝吗?

答案是什么呢?请从下面3个答案中选出一个吧!

1 真的。雏鸟会自己长大。
所以它们都会变成非常强大的鸟儿哦!

2 真的。让别的鸟儿帮自己孵蛋。
会把蛋下在别的鸟窝里呢!

3 假的。鸟儿都会认真喂养自己的孩子。
那是鸟妈妈和鸟宝宝的亲情!

答案在下一页!

答案 2

真的。鸟妈妈把蛋下在别的鸟窝里，让别的鸟妈妈替自己喂养。

我们常常看到燕子在房檐下搭窝，一到春天，燕子妈妈就会精心喂养燕子宝宝。但是并不是所有的鸟妈妈都是这样的。也有鸟儿是把蛋产在别的鸟儿的窝里，让别的鸟儿代替自己喂养鸟宝宝。

比如杜鹃鸟会趁着伯劳鸟外出时把蛋下在伯劳的窝里。伯劳鸟妈妈会把杜鹃鸟的蛋孵出来，但是先出生的杜鹃宝宝会把周围的伯劳鸟蛋从窝里挤出去或者破坏掉。就这样，伯劳鸟妈妈错把杜鹃宝宝当作自己的宝宝，精心喂养着。

独享食物的杜鹃宝宝慢慢地长得比伯劳鸟妈妈还要大，等到会飞的时候就扔下鸟妈妈飞走了。

正在往比自己大很多的杜鹃宝宝的口中喂食的伯劳鸟妈妈，而自己真正的宝宝已经不见了。

这种把蛋下在其他鸟类的窝里，让其他鸟类替自己喂养的习性，我们叫作"孵卵寄生性"。杜鹃的这种孵卵寄生非常有名，除了寄生在伯劳窝里外，还寄生在大苇莺、三道眉草鹀等鸟类的窝中。

230 人气值

恐龙还会复活吗？

答案是什么呢？请从下面3个答案中选出一个吧！

1 如果有恐龙基因的话是可以的。
但是因为没有所以不可以哦！

2 可以的。但是因为恐龙太恐怖了，所以不会让它们复活。
复活的话全世界都会害怕哦！

3 不可以，已经灭绝的动物是不会复活的。
连恐龙蛋都灭绝了呢！

答案在下一页！

答案 1　如果有恐龙基因的话是可以的。可惜并没有恐龙的基因所以无法复活。

如果想让恐龙重新出现在地球上，必须要有恐龙的基因才可以。基因存在于细胞中，可以说是每一种生物的设计图。如果有了恐龙的"设计图"，科学家就可以使恐龙复活了。

而目前发现的恐龙都已经变成了化石，是一堆石头，根本没办法得到恐龙的基因。

电影《侏罗纪公园》中复活恐龙的方法，在现实生活中还不存在。

恐龙的化石因为已经变成了石头，无法获取基因。

细胞

存在于细胞中的基因

有了基因就能复活恐龙。

人们曾经发现被冰封住的一万年前的远古动物猛犸象，从理论上说可以提取猛犸象的基因，但是这种复活远古灭绝动物的行为，遭到了大多数人强烈的反对。

节肢动物 | **哺乳动物类** | 鸟类 | 鱼类·水生兽类 | 其他种类 | 爬行类

为什么排行榜 71 位

231 人气值

小熊猫和大熊猫真的是近亲吗?

答案是什么呢?请从下面3个答案中选出一个吧!

1 是近亲。
都属于熊猫科熊猫属哦!

2 不是近亲。
虽然都吃竹叶呢!

3 不是近亲,就是同一种动物。
大熊猫小的时候就是小熊猫哦!

答案在下一页!

答案 2　小熊猫和大熊猫不是近亲。

通常被称为"熊猫"的黑白相间的动物是大熊猫。茶色的小一点的是小熊猫。虽然都叫作熊猫，并且都吃竹叶，实际上却是不同的种类。

通过调查动物化石，研究它们的进化过程，人们发现大熊猫是熊的近亲，小熊猫是黄鼠狼、浣熊的近亲。

但是因为大熊猫和小熊猫的爪子都长着六指，方便吃竹子，所以也有学者建议将它们划分为一类。

近亲！

我们才是近亲！

人们最先发现的是小熊猫，后来发现了黑白相间的熊猫，因为比小熊猫大，所以取名"大熊猫"。

哺乳动物类

232 人气值

可以给仓鼠洗澡吗?

答案是什么呢?请从下面3个答案中选出一个吧!

1 可以的,要放到水里洗干净。
每天放到水里有益于仓鼠的健康哦!

2 可以的,一个月洗一次比较好。
野生仓鼠也会在月圆之夜进入到水中呢!

3 不可以,不能放到水里。
仓鼠不会游泳,不可以哦!

答案在下一页!

答案 3 仓鼠怕水，不可以用水给它们洗澡。

仓鼠又小又可爱，而且非常容易喂养，所以作为宠物一直都很有人气。饲养仓鼠时，常常想把它们放在水里，像人类一样洗澡，这是绝对不行的哦。

仓鼠原本是生活在沙漠或草原中的动物，非常讨厌弄湿身体。如果强行将仓鼠放在水里，仓鼠很可能会生病哦。

喜爱干净的仓鼠每天会数次梳理自己的皮毛。如果能用牙刷之类的东西帮它们梳理一番的话，就不需要给它们洗澡了。

如果仓鼠的屁股上沾染了尿液或便便，只需将弄脏的部位用清水洗干净或是用沾湿的纸巾擦干净就可以了，要让沾湿的部位尽快干燥。

节肢动物 | **哺乳动物类** | 鸟类·爬行类 | 鱼类·水生物类 | 其他动物类

为什么排行榜 **69** 位

232 人气值

海豹可以在淡水里生活吗？

答案是什么呢？请从下面3个答案中选出一个吧！

1 不可以。必须在海水中生活。
河水不是咸水哦！

2 有的海豹可以。
不是所有的海豹都能生活在淡水里！

3 都可以。
海豹很聪明，能适应多种环境。

答案在下一页！

答案 2 世界上有唯一一种淡水海豹。

海豹大多住在海里，主要生活在两极海域，适应咸水环境。

但是有一种海豹在淡水的环境中也可以生活哦。它们是贝加尔湖海豹，生活在俄罗斯的贝加尔湖中。大多数海豹生活在咸水环境中，勉强将它们饲养在淡水中，海豹很容易生病，甚至死亡。

淡水与咸水的浓度不同，对生活在其中的动物来讲，渗透压不同。很少有动物可以同时生活在淡水和咸水中。

哺乳动物类

232 人气值

有擅长游泳的猫咪吗?

答案是什么呢?请从下面3个答案中选出一个吧!

1 没有。猫咪的技能里没有游泳。
猫咪的祖先是生活在沙漠中的动物哦!

2 如果经常练习的话,猫咪就会游泳。
在南方的岛屿上,猫咪会游泳穿越岛屿哦!

3 有的。其实猫咪会游泳,只是怕水而已。
还有猫咪会游泳,在水里抓水鸟呢!

答案在下一页!

答案 3 猫科动物是会游泳的,只是不喜欢皮毛沾水。

老虎、豹子、狮子,还有家猫,都属于猫科动物。它们的生活环境大多远离水,所以不擅长游泳,更讨厌自己的毛被水打湿。但是,猫科动物可是会游泳的哦,能用"猫刨"在水中嬉戏。

印度或斯里兰卡的森林里住着非常擅长游泳的渔猫。这种猫英文叫作"fishing cat",意思是会钓鱼的猫,这些猫会在水里捕鱼或其他食物哦。

捕捉水中食物的渔猫

渔猫的数量非常稀少,在中国是国家二级保护动物。渔猫的前爪指间有小小的水蹼,这对它们游泳非常有帮助。

书腔 | 哺乳动物 | 鸟类 | 鱼类·水 | 爬行类 | 年虫类 | **其他动物类**

为什么排行榜 67 位

232 人气值

外来入侵物种都是坏的吗？

答案是什么呢？请从下面3个答案中选出一个吧！

1 是的。它们本身就不是好东西。
妨碍了其他生物的生长呢！

2 不全是。动物是坏的，植物是好的。
只是名字有点吓人而已哦！

3 没有好或坏之分。
但是会破坏当地的生态平衡。

答案在下一页！

答案 3　没有好或坏之分，但是会破坏生态平衡。

外来入侵生物指那些生活在别的地区或国家，当地没有的生物，被自然或人为的途径带入当地，由于缺乏天敌而肆意繁殖，从而破坏当地生态平衡的生物。

这些生物有动物也有植物。它们本身没有好坏之分，只是被带入了没天敌又适宜生存的环境，才不受抑制地破坏当地环境。

在中国，福寿螺、巴西龟、凤眼莲、豚草等都是危害严重的外来物种。

杀人蜂

兔子

鲤鱼

世界上还有很多臭名昭著的外来入侵生物。比如美国的鲤鱼，澳大利亚的兔子，还有杀人蜂。

节肢动物 | **哺乳动物类** | 鸟类·爬行类 | 鱼类·水生物类 | 其他动物类

为什么排行榜 **66** 位

232 人气值

鲸鱼的"喷潮"到底是什么？

答案是什么呢？请从下面3个答案中选出一个吧！

1 鲸鱼用喷出的海水来跟同伴交流。
并不是盐哦！

2 打喷嚏。喷嚏中含有大量的盐分。
有时候会打一个大喷嚏呢！

3 是鲸鱼呼吸的废气。
看起来是白色的呢！

答案在下一页！

答案 3　鲸鱼呼吸的废气看起来是白色的。

鲸鱼头上像喷泉一样喷出的东西叫作"潮"。看起来确实是白色的，实际上却不是盐。鲸鱼的鼻孔长在头顶上，从鼻孔里大力呼出的大部分是呼吸产生的废气。因为鲸鱼体内很温暖，暖和的气体遇到冷的空气而瞬间冷却，变成了水蒸气，所以看起来是白色的。这和我们人类在寒冷的天气中呼出白色的哈气是一样的。

鲸鱼是用肺呼吸的哺乳动物，没有鱼类呼吸用的鱼鳃，所以要时不时地浮出水面，呼吸一下。

座头鲸

有的鲸鱼有两个鼻孔，有的鲸鱼只有一个鼻孔。鲸鱼呼吸的同时，鼻孔周围堆积的海水也会跟着一起被扬起。因此很多时候只要观察鲸鱼"喷潮"的形状，就可以知道鲸鱼的种类。

232 人气值

猫为什么会吃草？

答案是什么呢？请从下面3个答案中选出一个吧！

① 为了吐出胃里的毛。

为了吐出毛，不得已才吃讨厌的东西哦！

② 为了稳定不安的情绪。

压力过大就会吃哦！

③ 为了获取维生素。

就算是肉食动物蔬菜也很重要哦！

答案在下一页！

答案 1 为了将胃里积攒的毛吐出。

猫咪是肉食动物，无法消化植物，却会吃草。实际上猫咪吃草是为了吐出藏在胃里的毛。

喜爱干净的猫咪经常用舌头舔毛。猫咪的舌头有倒刺，就像用梳子梳头一样，可以将毛上的垃圾或脏东西舔下去。但是很多时候毛也会跟着垃圾进入猫咪的肚子，慢慢的这些毛就会堆积成毛球。长时间下去猫咪会得"毛球症"，身体会越来越虚弱。所以一旦猫咪觉得肚子不舒服，就会吃草。草会把肚子里的毛球缠绕，然后一起被吐出来。

为了更好地把毛都缠绕住，猫咪经常吃一些锯齿形状、前面尖尖的叶子。猫咪觉得烧心，或是吃了不该吃的东西时，也会自己找一些草来吃，再吐出来。

节肢动物

232 人气值

为什么排行榜 **64** 位

昆虫有骨头吗?

答案是什么呢?请从下面3个答案中选出一个吧!

1 有的。但是非常少。
昆虫的后背上有很少的骨头哦!

2 身体里面没有骨头。
昆虫没有人类那样的骨头哦!

3 有的。但是非常柔软。
身体里面有橡皮一样的骨头哦!

答案在下一页!

答案 2

昆虫没有人类那样的骨头。

除了我们人类，其他的哺乳动物以及鸟类都是有骨头的。骨头可以支撑身体的运转。如果没有骨头的话，就会像章鱼、水母那样变得软趴趴的。

昆虫也没有骨头，但是昆虫并不是软趴趴的。这是因为昆虫的身体外侧非常坚固，有支撑身体的作用，我们把它叫作"外骨骼"。外骨骼由柔韧而坚固的角质层构成。（哺乳动物和鸟类的骨头称为"内骨骼"）。

正因为有了外骨骼，昆虫即使没有骨头也能支撑身体，坚硬的外壳还能保护自己。

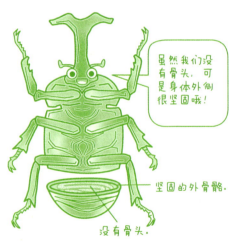

虽然我们没有骨头，可是身体外侧很坚固哦！

坚固的外骨骼。

没有骨头。

角质层如果太大就会因为太重而破裂。之所以昆虫的身体都很小，可能也是这个缘故。

为什么排行榜 63 位

哺乳动物类

233 人气值

大象会放屁吗?

答案是什么呢?请从下面3个答案中选出一个吧!

1 会的。而且是很大的屁。
身体大屁也会变大哦!

2 不会。大象体内没有废气。
大象吃的都是不会产生气体的食物哦!

3 会的。总是一点一点地放。
大象放的不是那种"噗~"的屁哦!

答案在下一页!

答案 1 大象会放屁,而且因为屁很大,有时候会很危险。

放屁主要是因为呼吸时进到体内的空气和肠内产生的废气引起的。大象因为用鼻子将食物送到嘴里面,所以经常会"吃掉"空气,当然会放屁啦。

大象放屁的声音是"砰砰砰!",非常低沉的声音。如果是在排便之前放的屁,通常是"嘭!"这种声音很大的屁。

大象以草为食,有时候会把拳头大小的石头错当作食物吞下去。石头就会跟着大象的屁一起冲出来,力气很大,大象的饲养员都要注意不要被砸到。

大象每天要吃很多的草和水果,所以便便也是非常大的。虽然大,却没有食肉动物的便便那么臭。

节肢 **哺乳动** 鸟类・鱼类・水 其他动
动物 **物类** 爬行类 生物类 物类

233 人气值

为什么排行榜 **62** 位

有没有动物在冬眠的时候生宝宝呢?

答案是什么呢?请从下面3个答案中选出一个吧!

① 没有。一直在睡觉。
睡着了怎么生呀?!

② 有的。熊会在冬眠时生宝宝。
一次会生1~3只熊宝宝呢!

③ 偶尔有。如果是暖冬的话就会生。
最近冬眠生宝宝的动物好像增多了呢!

答案在下一页

答案 1　冬眠的时候动物都会减低身体机能，不会生宝宝的。

乌龟和蛇等动物的体温会随着环境气温的下降而下降，所以到了冬天就不会动了，进入冬眠。熊在冬天也会躲在洞穴里。但是作为哺乳动物，熊的体温最多下降2~3℃。冬眠的时候，熊不会吃东西，但是如果有声音，熊还是会睁眼观察的，在睡眠与冬眠之间。

但是，我们会看到初春时，熊妈妈带着熊宝宝从冬眠的洞中出来，是怎么回事？初春气候暖和了，熊妈妈才在洞中生下宝宝，它已经从冬眠中醒来了。

蛇、刺猬、松鼠，还有一些鱼，都会冬眠。冬眠是进化的过程中，为了躲避恶劣的环境而产生的行为。动物们好聪明啊！

鱼类·水生物类

234 人气值

为什么排行榜 61 位

为什么大虾一煮就变红呢？

答案是什么呢？请从下面3个答案中选出一个吧！

1 大虾死后不久会变红。
和煮没有关系哦！

2 血液渗透到表面了。
一加热身体会疼哦！

3 身体里面的色素发生了变化。
色素遇热会变化的哦！

答案在下一页！

答案 3　大虾体内的色素遇热发生了变化。

原本黑色或淡色的大虾放到锅里一煮就会变成红色，螃蟹也是如此。

生的大虾或螃蟹呈黑色或青色的原因是体内有一种色素细胞，实际上这种色素原本是红色的，只是和体内其他蛋白质相结合之后就变成了偏黑的颜色。所以生虾都是偏黑的。

但是将大虾或螃蟹煮过之后，蛋白质和色素之间的结合被破坏了，于是原本的红色就被显现出来了。

加热后的大虾变成了红色。

刚煮完的大虾呈鲜红色，随着时间的流逝，这种红色会慢慢变淡，这也是色素细胞发生改变的缘故。

哺乳动物类

235 人气值

为什么排行榜 **60** 位

大象怎么睡觉呢？

答案是什么呢？请从下面3个答案中选出一个吧！

 躺下睡觉。

和家人一起躺下睡觉哦！

 站着睡觉。

警惕危险的发生哦！

 一边走路一边睡觉。

夜晚凉爽的时候大家一起移动呢！

答案在下一页！

答案 2

在自然环境中站着睡觉。

大象的体格庞大，似乎很笨重，很难想象它们是如何睡觉的。

的确，如果庞大的大象躺着睡的话，起床的时候就要费时间了。如果有敌人靠近，磨磨蹭蹭地站起来，很容易被敌人袭击。

因此野生的大象都是站着睡觉的。不仅是大象，很多食草动物为了能在危险的时候迅速逃跑，都会站着睡觉。

动物园里饲养的大象有时候会躺着将四肢蜷缩起来睡觉。因为在动物园中不必担心别的动物会偷袭，所以会用一个舒服的姿势来睡觉吧。

为什么排行榜 第59位

235 人气值

海獭怎么睡觉呢?

答案是什么呢?请从下面3个答案中选出一个吧!

1 只露出头,漂在水面上睡觉。
这样才不会呛水!

2 到陆地上睡觉。
在海里睡不着呢!

3 肚子朝上,把海藻缠在身上睡觉。
这样就不会被冲走了哦!

答案在下一页!

答案 3

海獭会把海藻缠在身上睡觉,这样就不会被冲走了。

海獭除了觅食要潜入海中之外,大多数时间都是肚子朝上浮在海面上的。它们进食的时候会在肚子上放个石块,再将贝壳等坚硬的东西往石块上撞,这样贝壳就裂开可以吃了,真是很聪明。

海獭睡觉的时候也是浮在水面上的,它们喜欢的睡觉环境是附近有岩石、海藻丛生的地方,特别是有60多米长海藻的海藻灰地带。有了海藻,睡觉或休息的时候就可以把海藻缠到身上,这样就不用担心被海水冲走或是冲到岸上遇到危险。

海藻就是海獭的被子哦!

海藻灰生长的地方有很多海獭最爱的海胆。另外,海獭的敌人虎鲸非常讨厌海藻多的地方,所以海藻对海獭躲避敌人也很有帮助。

其他动物类

235 人气值

为什么排行榜 **58** 位

有没有动物可以在太空中生活?

答案是什么呢？请从下面3个答案中选出一个吧!

1 有的。有的虫子即使没有空气也可以生存。
没有水也没关系哦!

2 没有，离开空气和水动物是活不下去的。
地球的动物不能在太空中生存哦!

3 有的。长着厚厚鳞片的鱼类可以。
鳞片像盔甲一样保护鱼儿哦!

答案在下一页!

答案 1 如果是水熊虫的话应该可以。

太空中没有空气和液态水。如果让人类或其他动物不穿航天服在太空里走动的话，会立刻死掉。

但是据说水熊虫可以活下来。水熊虫体长约1毫米，虽然小小的很不起眼，但是无论是炎热的地方或是寒冷的地方，沙漠或水中，都有水熊虫的踪影。即使是100℃以上的高温或零下250℃的低温条件水熊虫都可以承受。

水熊虫在环境干燥时会把身体蜷缩成桶状，这时即使没有空气也没有关系。有的水熊虫靠着"假死"甚至能活100年以上。喂！水熊虫！你在太空真的没问题吧！

水熊虫。虽然名字里有个"虫"字，但并不是昆虫，属于动物中的缓步动物。

太空中有各种放射线交错映射，水熊虫抵抗这些射线的能力是人类的1000倍。水熊虫还可以承受空气、水等物质的强大压力。

节肢动物

236 人气值

结草虫是什么样的虫子?

答案是什么呢?请从下面3个答案中选出一个吧!

1 **是会编草的蚂蚁。**
会把草打结编好哦!

2 **是一种甲虫。**
编草做房子住哦!

3 **是一种蛾子。**
生活在树上,不是草里!

答案在下一页!

答案 3

是蓑蛾的幼虫和雌性成虫的俗称。

冬天在树叶凋落的树上，会看到一小块树枝或树叶挂在树枝上，那就是结草虫。夏天也有结草虫，但因为树叶茂密，很难发现它们。

"蓑"是古时候人们用稻草编成的雨衣。因为结草虫和蓑衣长得很像，所以叫蓑蛾。结草虫的"蓑"里面住着幼虫或雌性成虫。

一般的蛾子由毛毛虫变为蛹或茧，之后长出翅膀，破茧成蛾。但是蓑蛾只有雄性才会长出翅膀变为成虫。雌性蓑蛾一直保持虫子的形态，并在蓑中产卵。

雄性成虫

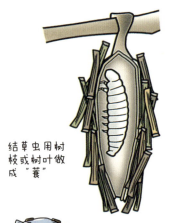

结草虫用树枝或树叶做成"蓑"

雌性成虫

雌性成虫一般会在蓑中产下1000枚以上的卵，然后在"蓑"的下面开一个小孔，从那里掉到地面上死去。也有的种类卵在死去的雌虫腹中越冬。

鸟类·爬行类

237 人气值

蛇会游泳吗?

答案是什么呢?请从下面3个答案中选出一个吧!

 1 会的,很擅长游泳。

和在陆地上一样,一扭一扭地游泳哦!

 2 不会,会沉下去。

蛇的鳞片太重了!

 3 只有海蛇会游泳。

只能在海水里游哦!

答案在下一页!

答案 1 和陆地上一样的姿态，游得非常好。

蛇在陆地上是扭着身体爬动的，它们的胸部有很多块骨头，以肚子上的肌肉收缩为力，前后移动，向前爬动。

蛇在水中也是如此。身体可以浮在水面上，扭动身体向前游动。但是蛇在水中不能呼吸，必须把鼻子放在水面上，所以不能长时间潜在水里。

海蛇和一般的蛇不同，是可以在水中游泳的。因为有很长的肺，在水面上吸气一次就可以在水里游很长时间。

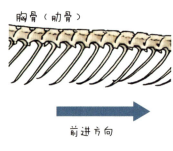

胸骨（肋骨）

前进方向

蛇的身体很长，内脏器官也是长形的。左侧的肺非常小，右肺又大又长。海蛇的肺更长。

节肢动物				

237 人气值

蜜蜂为什么要蜇人？

答案是什么呢？请从下面3个答案中选出一个吧！

1. 蜜蜂一直把人类当作敌人。
见到人就会蜇哦！

2. 蜜蜂感到人类要攻击自己。
如果人什么都不做就不会被蜇哦！

3. 蜜蜂想要吸人血。
为了获取营养而吸血哦！

答案在下一页！

答案 2　当蜜蜂感觉人类在攻击自己的时候就会蜇人。

你被蜜蜂蜇过吗？屁股上带刺的就是工蜂，工蜂都是雌性蜜蜂哦。

蜜蜂是社会性昆虫，它们会把在同一个蜂巢内生活的伙伴看的和自己同样重要。所以人类一旦靠近蜂巢就糟了，工蜂们会以为人类要破坏自己的家而主动出击。

但是如果人类什么都没有做，工蜂是不会攻击人类的。所以尽量不要去蜜蜂飞来飞去的地方，也不要试图捕捉蜜蜂哦。

有陌生人靠近，准备攻击！

有一种蜜蜂叫作杀人蜂，对黑色移动的物体或是香料非常敏感，有很强的毒性。如果靠近杀人蜂的巢穴，马上就会招来攻击。每年都有很多人被杀人蜂蜇到而猝死。

239 人气值

鲶鱼真的可以预测地震吗？

答案是什么呢？请从下面3个答案中选出一个吧！

1 也许会预测。
可以进一步研究哦！

2 鱼类不可能预测到。
只不过是传说而已！

3 可以，古人认为地震就是大鲶鱼引起的。
从古至今一直是这样的哦！

答案在下一页！

答案 **1**

科学家认为鲶鱼可能会预测地震。

很久以前人们就认为鲶鱼可以预测地震。人们认为使用四根敏感的须子钻到水里觅食的鲶鱼或许可以感觉到地震的发生。

实际上鲶鱼确实很敏感,甚至能感觉到小鱼身上散发出来的非常微弱的电流。而大地震发生的时候,地下会发出"电磁波",人们觉得敏感的鲶鱼或许可以更早一步地感受到这种电磁波。

不仅是鲶鱼,很多动物都对自然的变化非常敏感。而对动物的行为进行研究,从而帮助预测地震,也是很多科学家正在做的事情。

日本江户时代有关大地震的故事。鲶鱼大暴乱就是大地震的前兆。

地震、大雨、火山喷发之前,动物们都会成群结队的逃跑、暴乱。这是因为它们能感觉到和平时不一样的电磁波。

图片:东京大学大学院情报学环

为什么排行榜 **53** 位

鱼类·水生物类

240 人气值

被鱼钩钓上来的鱼会不会疼?

答案是什么呢？请从下面3个答案中选出一个吧！

 非常疼。

尤其是嘴巴周围特别敏感哦！

 似乎没什么感觉。

鱼儿挣扎并不一定是因为疼哦！

疼的。特别是离开水以后更疼。

所以钓鱼要一下子钓上来哦！

答案在下一页！

答案 2

似乎感觉不到疼。

如果在人的手指上拿针扎一下，人会感觉疼，这是因为人的皮肤上有感知疼痛的神经。

其他动物身上也有神经，鱼类也有神经。不过，鱼类的头部能感知疼痛的神经很少。所以，即使鱼钩勾住了鱼儿的嘴巴，鱼儿也不会很疼。

实际上，被勾住的鱼之所以会扑通扑通地扭动，主要是因为身体不自由了，鱼儿想要摆脱这种不自由，而并不是因为疼哦。

如果勾住身体的话鱼儿还是会疼的，只勾住头部应该没什么感觉。

鱼类的躯干和尾巴的神经要比头部多很多，如果勾住了头部以外的地方，鱼儿的挣扎就是因为疼了。有的鱼儿还会因为过于激动而心脏衰竭。

节肢动物 | 哺乳动物类 | 鸟类·爬行类 | 鱼类·水生物类 | **其他动物类**

为什么排行榜 52位

241 人气值

不同的动物指头的数量一样吗？

答案是什么呢？请从下面3个答案中选出一个吧！

1 不一样。不同的动物需要的指头数量不一样。
一根手指就够用的动物不会再长第二根哦！

2 一样的。虽然看起来不一样。
X光片可以看得很清楚哦！

3 不一样。随着不断进化，指头的数量也发生改变。
原本动物都是五根指头哦！

答案在下一页！

答案 3 不一样，但是最开始动物都是五根指头的。

如果观察一下动物的爪子，就会发现很多动物都不是五根指头。马是一根，牛、鹿、河马是两根，犀牛是三根。而大多数的鸟都是四根，猿猴和人类都是五根。

鱼类进化到两栖动物，开始在陆地上生活的时候，由鱼鳍变成的爪子有5~8根指头。随着时间的推移，五根指头的动物多数存活了下来，而这其中又有很多动物不断进化，指头的数量开始发生变化。为了适应所处的生活环境，常用的指头会渐渐发达，不常用的指头就会慢慢变小退化。

那些不是五根指头的动物，如果仔细观察的话，还可以看到残存的指头痕迹。

各种各样的动物爪子

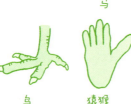

马　　牛　　犀牛

鸟　　猿猴　　熊猫　　人类

熊猫掌上有一根很特殊的"拇指"，是从腕骨长出来的指头，看起来是六根指头。这样的爪子有助于熊猫抓住自己的食物竹子。人类脚上的小指由于基本不使用，也被认为是在退化的指头。

241 人气值

鲑鱼是如何找到自己出生的那条河的？

答案是什么呢？请从下面3个答案中选出一个吧！

1 因为鲑鱼的记忆力非常好。
游过一次的地方就不会忘记了哦！

2 依靠味道和太阳的位置辨别方向。
具体的原因不太清楚呢！

3 鲑鱼不会到离河流太远的大海里去。
鲑鱼只会在附近的大海里游泳哦！

答案在下一页！

答案 2 鲑鱼能记住太阳的位置、河流的味道等。

鲑鱼虽然居住在大海里，却在河里产卵。每到秋天，鲑鱼就会进入河流里产卵哦。鲑鱼卵在河里长成鲑鱼宝宝，到了春天就会游到大海里去，再过3~4年长成成年鲑鱼。然后会再次回到自己出生的那条河里。

为什么鲑鱼能穿过广阔的大海回到自己出生的故乡之河呢？具体的原因我们还不清楚，但是有可能是鲑鱼在水中能够感觉到太阳光从而借助太阳的位置回到故乡。

另外，地球是一块巨大的磁铁，或许鲑鱼还能感受到这块"磁铁"产生的"磁力"。

就这样鲑鱼能找到自己出生的大致位置，再借助河流的味道一路回到自己的故乡。

①在出生的河流里产卵。

③顺河流而下。　④进入大海。

②生下鲑鱼宝宝。

⑤在北方的大海里生长。

⑥回到故乡之河。

鲑鱼妈妈会在河底的沙子里挖一个洞，再把卵产在里面。这期间鲑鱼爸爸会一直守护着鲑鱼妈妈和没出生的鲑鱼宝宝，以防其他动物的骚扰。鲑鱼妈妈产完卵后会用沙子把它们盖住。鲑鱼妈妈一次大约会产3000个卵。

节肢 | 哺乳动 | 鸟类 | 鱼类·水 | 爬行类 | 生物类 | **其他动物类**

243 人气值

每天都有很多动物在灭绝，是真的吗？

答案是什么呢？请从下面3个答案中选出一个吧！

1 是真的，每天大约有5种动物在灭绝。
5种真的很多啦！

2 是真的，每天大约有20种动物在灭绝。
我们必须要保护动物！

3 是真的，每天大约有100种动物在灭绝。
特别是热带雨林的动物！

答案在下一页！

答案 3 是真的,据统计每天竟然有100种动物在灭绝。

地球上如果算上那些还没有被发现的动物,大约有500万种以上的动物,真是一个惊人的数字呢。这其中,热带雨林里的动物数量是最多的,其次是大海中。

然而人类焚烧热带雨林,把它们变成农田或是牧场,在上面修建马路或盖房子。这样做的结果就是大量的动物失去了家园,最终走向灭绝。

而且随着地球变得越来越温暖,海水温度不断上升,海洋里的动物也在加速灭亡。

计算下来的话,每天大约有100种动物在灭绝。

18世纪灭绝的大海牛

现在有灭绝危险的动物:

大熊猫
白犀牛、黑犀牛、印度犀牛
大猩猩、猩猩
猎豹、雪豹
虎猫、大山猫
海獭、儒艮、北海狮
古巴鳄鱼、樟青凤蝶
箱龟、赤海龟
鹰雕、山鹬等

18世纪人们发现了儒艮的近亲大海牛,但是人类为了获得大海牛的毛皮和肉,大量宰杀大海牛,使这种动物在发现27年后就灭绝了。

节肢动物　哺乳动物类　**鸟类·爬行类**　鱼类·水生物类　其他动物

244 人气值

为什么排行榜 **49** 位

在水面上生活的鸟类为什么不会溺水?

答案是什么呢?请从下面3个答案中选出一个吧!

1 鸟儿的羽毛中含有空气。
这样就不会沉下去了!

2 鸟儿一直在扇动翅膀,产生了风。
扇风的翅膀在下面所以看不到呢!

3 鸟儿的身体里有救生圈。
和鱼鳔一样哦!

答案在下一页!

答案 1

它们既有包含大量空气的羽毛也有能隔绝水的羽毛。

家鸭和野鸭等水禽都是在水面上游动生活的动物,它们不会溺水。水禽身上的羽毛有两种,外侧的羽毛和内侧的非常柔软蓬松的羽毛。

内侧的羽毛(羽绒)中含有大量的空气,这些空气使它们不会沉没,而是浮在水面上。

外侧的羽毛用来隔绝水。鸟儿的屁股上有小疙瘩一样的"尾脂腺",尾脂腺可以分泌一种油,鸟儿把这种油涂在嘴巴上,再用嘴巴把油涂在羽毛上,这样就可以保证水不会进入到身体内侧。

正是借助这两种羽毛,水禽可以浮在水面上。

内侧的羽毛含有很多空气,像个救生圈一样。

尾脂腺

外侧的羽毛隔绝水.

鸟类的骨头是中空的,所以身体非常轻。这对于它们在天上飞行非常有利,同时对于水禽而言,也方便了它们在水上浮游。

为什么排行榜 **48** 位

244 人气值

听说有比猫还大的老鼠,是真的吗?

答案是什么呢?请从下面3个答案中选出一个吧!

1 假的,没有那么大的老鼠。
老鼠最多只有15厘米哦!

2 真的,像河马那么大。
尾巴也很长哦!

3 真的,是猫的两倍大。
像中型犬那么大哦!

答案在下一页!

答案 3 有的,有比猫大很多的老鼠。

自古以来都是猫捉老鼠,但是世界上也有比猫咪大很多的"老鼠",猫也没办法捕捉。

这种"老鼠"就是水豚。水豚主要生活在南美洲,是世界上最大的啮齿动物,身体有1~1.3米长。体重大约有50千克。一般的猫咪体长50~60厘米,5千克重,所以水豚比家猫大得多。

水豚

水豚看上去似乎是草原的支配者,实际上非常胆小,在靠近河流或沼泽的湿地、森林中生活,一旦被敌人发现,就会进入水中躲藏,它们非常擅长游泳。

节肢动物 | 哺乳动物类 | 鸟类 | 鱼类·水生物类 | 爬行类 | 其他动物类

为什么排行榜 47位

246 人气值

蜘蛛为什么不会被自己织的网粘住？

答案是什么呢？请从下面3个答案中选出一个吧！

1 因为蜘蛛走的都是不会发黏的丝。
纵向的丝是不发黏的哦！

2 因为蜘蛛的足上有油。
油是滑滑的呢！

3 因为蜘蛛用足尖走路。
基本不会碰到丝哦！

答案在下一页！

答案 1 蜘蛛只在纵向的不会发黏的丝上爬行。

蜘蛛的家通常是一张网，上面很黏，如果有昆虫落到网上，就会被粘住无法逃跑，从而被蜘蛛吃掉。

但是我们看到蜘蛛自己在这个网上可以很轻松地爬行，不会被粘住，这是为什么呢？因为蜘蛛只会踩着不发黏的丝爬行。蜘蛛网中横向的丝是有黏性的，纵向的丝没有黏性，不会被粘住，蜘蛛一边踩着纵向的丝，一边避开横向的丝，爬行得非常轻松。

当然蜘蛛也会偶尔走错，粘在网上，这个时候只有把网破坏掉了。

蜘蛛足尖有3根指头，蜘蛛用这3根指头爬行。一旦蜘蛛网上粘住了猎物，蜘蛛通过这3根指头感受到蜘蛛网的振动。世界上也有不织网的蜘蛛。

哺乳动物类

247 人气值

为什么排行榜 **46** 位

什么样的大象能成为象群首领呢?

答案是什么呢?请从下面3个答案中选出一个吧!

1 最强的公象会成为首领。
强大才可以保护大家啊!

2 最老的母象会成为首领。
年纪大懂得就多呀!

3 最年轻的象妈妈会成为首领。
健康动作快哦!

答案在下一页!

答案 **2**

年纪最大的母象奶奶会成为象群的首领。

　　大象是一种群居动物，通常都是由年纪最大的母象姥姥作为象群首领，母象姥姥带着自己的女儿们，和女儿的孩子们一起生活。也就是说象群是由血缘联系起来的母象集团。

　　公象宝宝快到成年时就会离开象群，独自生活。

　　母象姥姥经验丰富，知道哪里的水最多，哪里的草最肥。危险降临时母象姥姥也能保护大家，所以象群里的其他母象都会追随母象姥姥的脚步。

象群通常是母象和小象的集团，公象一般独自生活。

　　群居生活的大象们都会互相帮助，非常爱护小象。即使不是自己的孩子母象也会帮忙照顾，移动或是睡觉的时候，都会让小象走在象群中间，以便保护。

为什么排行榜 **45** 位

节肢动物 | 哺乳动物 | **鸟类·爬行类** | 鱼类·水生物类 | 其他动物类

248 人气值

听说鸽子喂宝宝乳汁，是真的吗？

答案是什么呢？请从下面3个答案中选出一个吧！

1 是真的。鸽子会分泌出像乳汁一样的东西。
雄鸽子也可以分泌哦！

2 是真的，喂的是牛奶。
鸽子会到牧场拿牛奶哦！

3 假的，鸽子白色的粪便看起来像乳汁。
鸽子怎么会有乳汁呢！

答案在下一页！

答案 1 实际上并不是"乳汁",而是"鸽乳"来喂鸽子宝宝。

鸽子不是哺乳动物,不会从胸部分泌乳汁。但是鸽子会分泌"鸽乳",从口中吐出,喂养宝宝。

鸽乳不像牛奶那么清淡,而是像溶化的奶酪一样比较黏稠,鸽乳含有丰富的蛋白质。

产生鸽乳的器官是嗉囊,嗉囊是口和胃中间食道的一部分,像个袋子一样鼓起。鸽子宝宝通常会把小嘴放到鸽子的大嘴里喝鸽乳。

哺乳动物的乳汁只有雌性动物才有,而鸽乳则不同,雄鸽子也可以分泌。

嗉囊

鸽子宝宝长大一点后,鸽子父母会把食物通过嗉囊变得柔软一些,再喂给鸽子宝宝。鸽子父母通常一起协助喂养宝宝。

哺乳动物类

249 人气值

浣熊为什么什么都要洗一洗？

答案是什么呢？请从下面3个答案中选出一个吧！

1 浣熊爱干净。
情不自禁就要洗干净呢！

2 因为有在河里捕鱼的习惯。
野生的浣熊非常喜欢吃鱼哦！

3 浣熊之间流行洗东西。
一只浣熊洗东西，其他浣熊效仿！

答案在下一页！

答案 2 野生浣熊喜欢在河里捉鱼吃。

浣熊"熊"如其名，无论什么食物都喜欢在河里洗一洗再吃。看上去似乎很爱干净，实际上浣熊并不是在"洗"食物。

野生浣熊生活在河岸边，最喜欢鱼，经常在河里捉鱼吃。这种习惯被保留下来，就算是人类饲养的浣熊，也会把食物放到水里，做出一副捉鱼的样子。

只不过野生浣熊在吃鱼虾之外的食物时，并不会特意将食物拿到河里。而被饲养的浣熊因为食物永远都很充足，作为一种游戏，就会放在水里玩个够。

就算给浣熊不是食物的东西，浣熊也会拿到水里洗一洗哦。用肥皂做实验发现浣熊也会把肥皂泡在水里弄得都是泡沫。当浣熊非常饿时，即使是食物也不会洗哦。

节肢 | 哺乳动 | **鸟类·爬行类** | 鱼类·水生物类 | 其他动物类

为什么排行榜 **43** 位

250 人气值

听说有在水上爬行的蜥蜴，是真的吗？

答案是什么呢？请从下面3个答案中选出一个吧！

1 是真的。就像大蟑螂一样。
慢悠悠地爬哦！

2 假的。因为经常在水边爬行，留下了错误的印象。
经常在黑暗中爬行哦！

3 是真的。蜥蜴在水上爬行，不会溺水。
飞速地"嗖"一下就爬过去了哦！

答案在下一页！

答案 3 是真的,有可以在水上爬行的蜥蜴。

如何能在水上快走呢?迈出右脚,下沉之前迈出左脚,左脚下沉之前再出右脚。这样确实可以在水上走,但是人类是做不到的。

有一种生活在热带雨林的蜥蜴就是这样做的,这种蜥蜴就是蛇怪蜥蜴。它们会用两只脚迅速地在水面上滑动逃走。这时候两只脚在1秒钟之内可以滑动20次呢。

蛇怪蜥蜴的后脚快速拍向水面,在脚的周围会产生小气泡,气泡破之前,又会向前走。就像骑自行车,要不停蹬,停下来就倒了。

在水面上迅速爬行的蜥蜴。

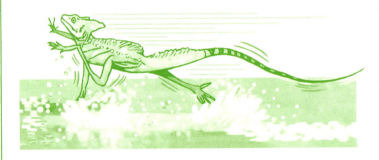

蛇怪蜥蜴的体重最多200克,这也是它们能够在水上爬行而不下沉的原因之一。这种蜥蜴通常生活在有水的地方,非常擅长游泳。

251 人气值

为什么排行榜 **42** 位

雏鸟出生后会把第一眼见到的动物当作妈妈吗?

答案是什么呢?请从下面3个答案中选出一个吧!

1
假的。雏鸟会通过气味分辨父母。
雏鸟的鼻子非常灵敏哦!

2
真的。就算是一个玩具也会被认作父母。
所以最开始看见什么非常重要哦!

3
真的。只不过必须是和父母一样体温的动物。
比如狗狗就会被当作父母哦!

答案在下一页!

答案 2

雏鸟最先看到的大的会动的东西就会认为是父母。

通常鸟宝宝孵出来之后鸟妈妈都会在附近，出生的鸟宝宝就会跟在鸟妈妈后面，亦步亦趋。这也是为了避免鸟宝宝认错父母而有的一种技能。

但是像鸡和鸭子这种人类饲养的禽类，雏鸟孵出来时鸟妈妈不一定就在旁边。这样鸟宝宝一出生就会把又大又会动的东西当作妈妈，一直跟在它的后面。无论是人类还是玩具还是狗狗都会被当成妈妈。

又大又会动，狗狗就是妈妈。

摇动的气球也会被当作妈妈。

雏鸟把第一眼看到的又大又会动的东西当作父母的这一习性叫作"印随"。印随行为出现在出生后两三天。认错父母的话，一辈子都不会变的。

鱼类·水生物类

为什么排行榜 41 位

252 人气值

翻车鱼一次会产多少个卵呢？

答案是什么呢？请从下面3个答案中选出一个吧！

1 大约会产300个卵。
鱼妈妈会把卵放在嘴里小心养育哦！

2 大约会产30000个卵。
会产在海藻中哦！

3 大约会产300000000个卵。
为了留下更多宝宝哦！

答案在下一页！

答案 3

翻车鱼一次会产大约 300000000（3亿）个卵。

在温暖的人海中浮游着的翻车鱼，体长约4米，体重约2吨，是一种很大的鱼。翻车鱼因产卵数量多而闻名，一次大约产3亿个卵。3亿是3万的一万倍，听起来就很不得了吧。这个数量在所有的鱼类中也是最多的。

但是翻车鱼产了这么多卵，我们却看不到大海里到处都是翻车鱼。这是因为大多数的卵都被其他鱼类吃掉了。能够平安长大的翻车鱼只有3亿个鱼卵中的几个。

翻车鱼并不擅长游泳。海面平静无波的时候会浮到水面上。以水母等为食。

鱼类中产卵数量排在第二位的是星康吉鳗，但是数量也就是800万~1000万个，和翻车鱼相比算是很少了。翻车鱼一颗鱼卵的直径大约有1毫米。

节肢动物 哺乳动物 鸟类 鱼类・水 其他动 植类 爬行类 生物类 鲵类

为什么排行榜 **40** 位

253 人气值

有没有像鸟一样大的蝴蝶?

答案是什么呢?请从下面3个答案中选出一个吧!

1 有的,生活在岛上。
是花椒凤蝶的近亲哦!

2 没有,是把蝙蝠错当成鸟了。
哪有那么大的蝴蝶呀!

3 没有,只有把鸟错当成蝴蝶的时候。
有非常小的蝴蝶哦!

答案在下一页!

答案 1 有的,在新几内亚岛上的亚历山大女皇鸟翼凤蝶。

在大英博物馆保存着一种巨大的蝴蝶标本,这种蝴蝶是用射鸟的猎枪射下来的。

它就是亚历山大女皇鸟翼凤蝶。女皇鸟翼凤蝶生活在新几内亚岛上,雌性鸟翼凤蝶张开翅膀可达31厘米宽。据说初次登上新几内亚岛的欧洲人见到这么巨大的像鸟一样的蝴蝶,都非常震惊。

而用猎枪将鸟翼凤蝶打下来的是英国自然科学家阿尔伯特·米克,他并不是把凤蝶错认成了鸟,而是因为它们飞得太高了。

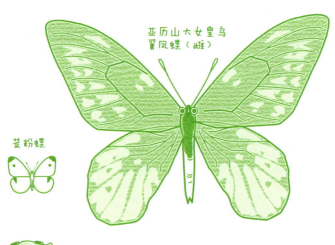

亚历山大女皇鸟翼凤蝶(雌)

菜粉蝶

亚历山大女皇鸟翼凤蝶的雄性和雌性在翅膀的颜色和形状上都有不同,它们在热带雨林的高处盘旋。

节肢动物 | 哺乳动物类 | 鸟类·鱼类·水 | 爬行类 生物类 | 其他动物 | 菌类

254 人气值

豚鼠能活多少年？

答案是什么呢？请从下面3个答案中选出一个吧！

1 **3年左右。**
和仓鼠差不多哦！

2 **10年到15年。**
和猫狗差不多哦！

3 **6年到8年。**
比仓鼠寿命长一些哦！

答案在下一页！

答案 3

6年到8年。在老鼠类中算长寿的。

豚鼠是老鼠的近亲，常作为实验动物。如果作为宠物饲养，可以活6~8年。一般的小老鼠的寿命是1~3年，仓鼠是3年左右，所以豚鼠在鼠类中算长寿的。

据说哺乳动物的身体越庞大寿命越长。小老鼠一般是10厘米长，仓鼠有的长15厘米，豚鼠则超过了20厘米。

猫和狗的寿命大约是15年，大象或鲸鱼的寿命大约是50年。

豚鼠，也叫天竺鼠。

体型越大寿命越长，这一理论一般适用于不同物种间。比如，大象比老鼠寿命长。但是，一般小型犬的寿命比大型犬长。

节肢动物 | 哺乳动物 | 鸟类 | 爬行类 | **鱼类·水生物类** | 其他动物

255 人气值

为什么排行榜 **38** 位

金枪鱼不游动就会死，是真的吗？

答案是什么呢？请从下面3个答案中选出一个吧！

1 是真的，不游动就会氧气不足。
游泳才能得到氧气哦！

2 是假的，不会死。
不断游动是为了捕食哦！

3 不清楚。因为金枪鱼一直都在游动。
还没有仔细调查过呢！

答案在下一页！

答案 1

是真的，不一直游的话氧气就会不足。

金枪鱼为了寻找食物，不停穿梭在海洋之中，以每小时30~60公里的速度游动着。而能发出这种游泳力量的就是金枪鱼的"肌肉"，也就是我们平时吃的金枪鱼生鱼片的红色部分。

金枪鱼游动时要半张着嘴，让包含着氧气的海水从嘴巴直接流经腮部，这种呼吸方式叫撞击式呼吸。

所以不游动的话，海水就无法流到腮部，无法摄取足够的氧气，金枪鱼就会死去。就连睡觉时也是在游动的，只不过游得慢一些。

金枪鱼的最高时速能达到每小时160公里。由于在温暖的海水中能得到更多的能量，金枪鱼更喜欢在温暖的大海里游动。

256 人气值

鱼的耳朵在哪里?

答案是什么呢?请从下面3个答案中选出一个吧!

1 在脸的正中间附近。

嘴巴上面的小洞就是耳洞哦!

2 在头部或身体两侧。

并不是人类那样的耳朵哦!

3 在鱼鳃的里面红色的部位。

多少是耳朵的样子呢!

答案在下一页!

答案 2 在头部或身体两侧有像耳朵一样的地方。

鱼类确实没有像哺乳动物那样的耳朵,但是鱼类也能感知声音,也有能感知声音的部位。

所谓声音就是物体发生振动,声音的振动在水里变成波纹打在鱼身上,鱼头部的骨头里有"内耳",可以接收这种振动,这样鱼类就能"听见"水里的声音了。

另外,在鱼类的腮部到尾巴方向有一条点线,这个点线叫作"侧线",侧线对水流的变化和流动方式非常敏感,也可以感知到声音。

所以说鱼类身体的很多地方都能"听到"声音哦。

声音在水里的传播比在空气中的传播要快很多,比如我们在游泳池里游泳时,会觉得声音听起来很奇怪,这就是因为在水里声音更容易传播。

哺乳动物类

257 人气值

北极熊的皮肤是什么颜色的?

答案是什么呢?请从下面3个答案中选出一个吧!

1 黑色。皮肤不白。
实际上是黑熊哦!

2 白色。当然是白色的。
所以又叫"白熊"哦!

3 淡粉色,樱花色。
白色的肌肤表面透着血的颜色哦!

答案在下一页!

答案 1: 北极熊的皮肤是黑色的，原本不是白熊而是黑熊。

看起白白胖胖的北极熊，实际上在毛下面的皮肤是黑色的。黑色可以吸收阳光，北极熊生活在寒冷的北极，通过黑色的皮肤吸收阳光，保持身体的温度。

而且看起来是白色的毛，实际上却是透明的。只是很多毛在一起，看起来就是白色的。

如果毛是白色的，太阳光就会被反射回去，只有透明的毛阳光才能到达皮肤。

北极熊的毛约有15厘米长，里面是中空的，像麦秆一样，里面是空气。空气很难导热，可以帮助身体保温。

长毛 里面有空气。

短毛 密密地排列着，可以隔水。

除了含有空气的长毛，北极熊还有5厘米左右的短毛，长得非常茂密，还带着油，可以隔水。

节肢动物 | 哺乳动物 | 鸟类·爬行类 | **鱼类·水生物类** | 其他动物类

为什么排行榜 35 位

258 人气值

鲤鱼的须有什么用？

答案是什么呢？请从下面3个答案中选出一个吧！

1　雄鲤鱼之间彼此示威。
谁的须长谁就能做首领哦！

2　用须子感知食物和敌人。
须子是很敏感的哦！

3　引诱食物。
动动须子，小鱼就会被吸引过来哦！

答案在下一页！

有了须子当食物或敌人靠近时就会发现。

鲤鱼有四根须子，上嘴唇上面有两根短须，嘴巴内边有两根长须。

鲤鱼通常在池塘或河流的泥巴里面寻找食物，这个时候须子就会派上用场。用须子来搜索，去感知其他生物的动向和味道。虽说是须子，却是皮肤变过来的，非常敏感。

鲤鱼虽大，鲤鱼宝宝却是很小的，有了须子，就可以在敌人靠近的时候感知它们的味道和动向，然后迅速逃走。

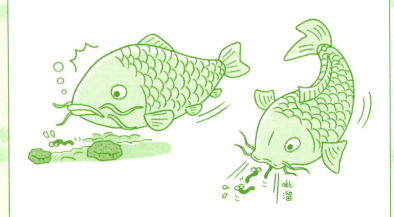

住在淡水里的很多鱼都长着胡须，有鲤鱼、鲶鱼、泥鳅等。鲶鱼有八根须子，泥鳅有十根须子。

节肢动物 | 哺乳动物类 | 鸟类·爬行类 | **鱼类·水生物类** | 其他动物类

为什么排行榜 **34** 位

259 人气值

冬天在水里的鱼不冷吗?

答案是什么呢?请从下面3个答案中选出一个吧!

1 不冷,鱼感知不到温度。
所以不会觉得冷哦!

2 冷,但是没有别的地方可去。
冬天很难过呢!

3 对鱼来说,不是特别冷。
鱼的体温会随着周围温度的变化而变化哦!

答案在下一页!

答案 3 对鱼来说,水中并不是特别冷。

人类进入水中会觉得冷,因为我们的体温通常是36~37℃,而水的温度就算是20℃,温差还是很大的。

但是鱼类的体温比人类要低一些,很适合在水里生活。与之相反的是,人类钓鱼之后用手捉鱼,这对鱼来说就像被火烤一样难受。

鱼类是变温动物,周围的温度变了鱼类的体温也会变化。寒冬时水温下降,鱼类的体温也下降,一般会待在水底的石头附近不怎么游动。

适合鱼类的水温

比目鱼	18~24℃
鲈鱼	15~18℃
沙钻鱼	16~25℃
金鱼、青鳉鱼	22~28℃

不同的鱼对温度的喜好也不一样。喜欢冷水的鱼多生活在北方的大海或河川中,而喜欢温水的鱼多生活在热带水温较高的地方。

为什么排行榜 **33** 位

节肢动物　哺乳动物类　鸟类・爬行类　鱼类・水生物类　其他动物类

260 人气值

蝴蝶等虫子下雨的时候往哪儿躲？

答案是什么呢？请从下面3个答案中选出一个吧！

1　躲在洞穴里。
和蝙蝠一样哦！

2　躲在草叶的后面。
静静等待雨停哦！

3　躲在大树下面或是屋檐下。
就像人类避雨一样哦！

答案在下一页

答案 2 躲在草叶的下面等着雨停。

晴朗的天气蝴蝶喜欢在花丛里飞来飞去，下雨天却看不到它们的身影，它们去哪儿了呢？

原来它们为了避雨，会躲在草叶的下面，静静等着雨停。其他飞虫类也是这样哦。

下雨天如果你仔细观察草叶的下面，会发现除了蝴蝶，还有很多蟑螂、蜻蜓等让你意想不到的虫类。

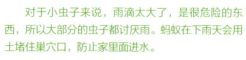

对于小虫子来说，雨滴太大了，是很危险的东西，所以大部分的虫子都讨厌雨。蚂蚁在下雨天会用土堵住巢穴口，防止家里面进水。

261人气值

野生动物会不会长蛀牙？

答案是什么呢？请从下面3个答案中选出一个吧！

1 如果吃了水果什么的就会有蛀牙。
吃甜食的动物会长哦！

2 会长，但是马上就会长出新牙。
长了蛀牙也不会有感觉哦！

3 基本不会有蛀牙。
野外环境没有糖哦！

答案在下一页！

答案 3 基本不会长蛀牙。

甜食是牙菌最喜欢的东西，嘴里的糖分会加速牙菌的繁殖，然后腐蚀牙齿，形成蛀牙。

然而野生动物的食物不会有太多的碳水化合物和糖，只要正常进食是不会得蛀牙的。肉食动物常年啃食肉类，牙齿会越磨越尖，或者因为和其他动物打架造成牙齿损坏，牙菌侵蚀形成蛀牙也是时常发生的。而肉食动物的牙齿一旦损坏就很难捕猎进食了，所以一般在形成蛀牙后就会死去。

而那些草食动物的牙齿难以损坏，更不会得蛀牙了。

人类饲养的动物因为被喂的食物中含有较多糖分，会引起蛀牙。所以一定要关注宠物的牙齿健康，防止蛀牙哦！

节肢动物 | **哺乳动物类** | 鸟类·爬行类 | 鱼类·水生物类 | 其他动物类

262 人气值

为什么排行榜 **31** 位

为什么大猩猩喜欢捶胸？

答案是什么呢？请从下面3个答案中选出一个吧！

1 因为生气了。
我的地盘不许靠近！

2 因为无聊，自己找乐儿。
像玩击鼓一样哦！

3 因为想把胸膛锻炼得更结实。
总之是用很大力敲哦！

答案在下一页！

答案 1 大猩猩被激怒时，或者吸引雌性注意时，会捶胸。

强壮的大猩猩会站起来，用上肢用力捶胸。它们为什么这样做呢？当有其他动物进入到大猩猩的领地，它会很生气，并用捶胸来威慑入侵者。另外，为了吸引雌性的注意力，显示自己的强壮，大猩猩也会捶胸。

大猩猩的胸部没有毛发，一片平坦，敲打起来特别方便。捶胸还会振动喉咙旁的气囊，声音在雨林里甚至能传到2公里之外。

大猩猩在焦躁时也会捶胸，我们在动物园里也经常见到。小猩猩会模仿大猩猩捶胸，但是因为胸部的肌肉不发达，只能发出"啪啪啪"的声音。

节肢动物 | **哺乳动物类** | 鸟类·爬行类 | 鱼类·水生物类 | 真菌动物类

为什么排行榜 **30** 位

263 人气值

袋鼠为什么用育儿袋抚育袋鼠宝宝？

答案是什么呢？请从下面3个答案中选出一个吧！

1 为了让宝宝暖和地长大。
袋鼠宝宝很容易冷的哦！

2 不用抱着很轻松。
解放双手！

3 方便喂养很小的袋鼠宝宝。
方便喝奶哦！

答案在下一页！

答案 3 在育儿袋里会比较容易喂养很小的袋鼠宝宝。

袋鼠宝宝刚出生时，和花生米差不多大小。出生后6~7个月，在袋鼠妈妈的育儿袋里长大。袋鼠的育儿袋是乳头周围的褶皱进化而成的。所以把小袋鼠放到这个袋子里，袋鼠宝宝饿了就可以喝到奶，非常方便。

育儿袋中有四个乳头，袋鼠宝宝进到袋子里就会咬住一个，一直吃不松口。

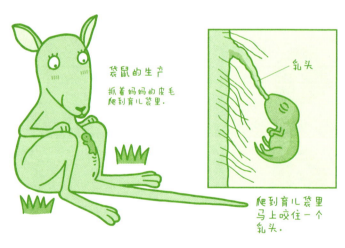

袋鼠的生产
抓着妈妈的皮毛爬到育儿袋里。

乳头

爬到育儿袋里马上咬住一个乳头。

6~7个月之后小袋鼠会爬出育儿袋，但是还需要继续喝奶，所以会在育儿袋的里里外外生活一段时间。

节肢动物

264 人气值

独角仙到底有多大力气？

答案是什么呢？请从下面3个答案中选出一个吧！

1 能拉起自身重量100倍的东西。
摔东西的力气也很大哦！

2 能拉起自身重量10倍的东西。
身体就像盔甲一样哦！

3 能拉起自身重量3倍的东西。
是虫子里面的冠军哦！

答案在下一页！

答案 1 独角仙能拉起自身重量100倍的东西。

独角仙成虫以树木伤口流出的汁液为食的。当其他虫类靠近时,独角仙会把角插入"敌人"的身体下方,用很大的力气把对方掀翻。为了争夺雌性独角仙,雄性独角仙之间有时也会激烈打斗。

独角仙拉拽的力气很大,能拉起约2000克的东西。而独角仙自己的重量一般不超过20克,也就是能拉起自身重量100倍的东西。独角仙中还有一些大力士,能拉起自身重量1000倍的东西。

独角仙为什么力气这么大?这要归功于它坚硬的外壳(外骨骼)和六只脚,它的脚像钩子一样非常锐利,不管是摔其他虫子还是拉起重物,都可以牢牢站住。

节肢动物 | **哺乳动物类** | 鸟类·爬行类 | 鱼类·水生类 | 其他动物类

265 人气值

为什么排行榜 **28** 位

像狮子一样的肉食动物完全不吃草吗?

答案是什么呢?请从下面3个答案中选出一个吧!

1. 不吃,吃草不能消化。
肉食动物只吃肉哦!

2. 也会吃草。
为了调节肠胃哦!

3. 当然会吃草。
维生素也是很有必要的哦!

答案在下一页!

答案 2 也吃草,但不是为了营养,而是为了获取纤维素。

人类为了营养平衡,需要吃多种肉和菜,但是狮子等猫科动物的肠胃是不能消化草的。那么草里面含有的矿物质和维生素狮子要如何获取呢?原来动物的生内脏和肉里含有这些特定的营养物质。

虽说如此,纤维素还是很必要的。纤维素虽然不是营养物质,但是可以调节胃肠。狮子也会吃点草原上的草,来调节肠胃蠕动。

偶尔也来吃点草吧。

扑倒猎物的狮子会先享用美味的内脏,特别是充满营养、血液的肝脏是狮子的最爱。吃完后因为血液里含有盐分,所以狮子要喝很多水。

为什么排行榜 **27** 位

266 人气值

母鸡一年能下多少个蛋?

答案是什么呢?请从下面3个答案中选出一个吧!

1 通常1年200~300个。
不是每天都下哦!

2 通常1年100个左右。
2~3天下一个蛋哦!

3 通常1年下1000个蛋左右。
基本上早中晚各下一个蛋哦!

答案在下一页!

答案 1

1年下200~300个。

家鸡的祖先是生活在热带的原鸡,原鸡一年内会下10~12个蛋,如果蛋被偷走了,就会再下凑够数量。

家鸡就是利用原鸡的这种特点,改良成了能下很多蛋的动物。选择那些能下很多蛋的原鸡,让它们的孩子相互交配,尝试每天下蛋。

但是,母鸡下蛋的时间每天各不相同,通常每次下蛋的时间会比上一次延后一小时。并且,如果母鸡的下蛋时间到了下午,那么它就会等到第二天早晨再开始下蛋。如此循环,1年可以下200~300个鸡蛋。

养鸡场的工作人员拿走母鸡的鸡蛋,母鸡就会接着下蛋。

也有1年下365个鸡蛋的母鸡。母鸡受到光照,就会刺激激素的分泌,就会下蛋。所以母鸡晚上不下蛋,早晨到中午的时间下蛋。

267 人气值

刺鲀真的有1000根刺吗?

答案是什么呢？请从下面3个答案中选出一个吧！

1 是真的。
有人数过哦！

2 没有那么多，有200~400根。
1000根太夸张啦！

3 根本没有那么多，不到100根。
虽然看起来很多哦！

答案在下一页！

答案 2

没有那么多。实际上是200~400根刺。

刺鲀身上有很多刺，鼓起身体时这些刺都会立起来。实际上刺鲀的刺有200~400根，很多刺鲀都是365~375根刺。

这些刺是鱼鳞变过来的，平时这些刺是蜷缩着的，一旦有敌人靠近，就会吸进空气或水全身胀大，每根刺都挺立起来保护自己。敌人看见这么吓人的刺，就会放弃捕食刺鲀。

刺可以保护刺鲀。

刺鲀是河豚的近亲。河豚身体里有一个"气囊"，被敌人袭击时会吸入水膨胀起来。刺鲀的身体和刺都无毒。

节肢动物 | 哺乳动物类 | **鸟类·爬行类** | 鱼类·水生物类 | 其他动物类

268 人气值

企鹅怎么睡觉呢?

答案是什么呢？请从下面3个答案中选出一个吧！

1 两只翅膀环抱着睡觉。
因为南极很冷呀！

2 肚子朝上躺着睡觉。
为了不被风吹跑哦！

3 站着低头睡觉。
有时候还会用翅膀温暖嘴巴哦！

答案在下一页！

答案 站着低头睡觉。

　　企鹅住在南极，它们的雏鸟和鸟蛋常常被大型鸟类抢走。但是因为企鹅是站着睡觉的，所以一旦有敌人袭击，可以迅速逃走，保护自己。

　　企鹅睡觉时会低下头，好像垂头丧气的样子。头还会歪在一边，以便保暖。

　　只要在动物园等没有敌人威胁的地方，企鹅也会躺下睡觉。炎热的日子企鹅还会平躺下一边降温一边睡觉。

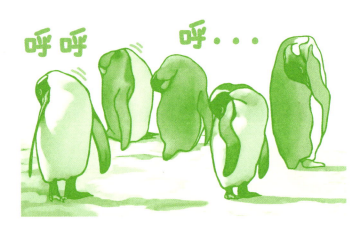

 企鹅等野生动物一般都不会睡得很死，在地面上挖洞做巢的麦哲伦企鹅虽然会在洞里躺着睡觉，但也是浅睡。

269 人气值

蜥蜴为什么不怕断尾巴？

答案是什么呢？请从下面3个答案中选出一个吧！

1 因为生命力很强。
轻易不会死哦！

2 断尾巴是蜥蜴保护自己的一种方式。
断掉的部分还能长出来哦！

3 断掉的尾巴可以长成一只蜥蜴。
和原来的一模一样哦！

答案在下一页！

答案 2: 断掉尾巴逃跑，是蜥蜴保护自己的一种方式。

有时候会看到少了一截尾巴的蜥蜴。这样的蜥蜴一般都是在受到敌人攻击时，自己切断尾巴，切断的尾巴还会摆动，用来吸引敌人的注意力，蜥蜴就趁机逃走了。

这是蜥蜴保命的一种方式。蜥蜴的尾巴上有非常容易切断的部分，蜥蜴切断这些部分，断口肌肉收缩，出血也会停止。而新的尾巴也会从断口处长出来。作为人类，我们如果切断身上的哪个部位，可就长不出来了。

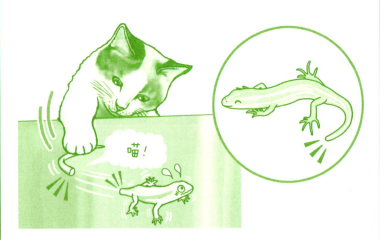

蜥蜴新长出来的尾巴和原来的尾巴不同，没有骨头，也没有原来的尾巴长。

为什么排行榜 **23** 位

270 人气值

毒蛇如果咬了自己会死吗?

答案是什么呢?请从下面3个答案中选出一个吧!

1 因为是自己的毒,没关系。

如果被其他毒蛇咬到会死哦!

2 不会死,毒液对毒蛇没有效果。

对毒蛇来说毒液就是营养哦!

3 会死。

毒液进入血液就会死哦!

答案在下一页!

答案 3　会死，毒液进到血液里就会死。

毒蛇的毒液通常在毒腺中分泌，毒腺在上颚内侧。和人类分泌唾液很相似。毒液通过毒牙，进入被咬动物的体内。

毒蛇如果吃了被自己毒死的东西，并不会被毒死，因为毒蛇的胆汁可以解毒。但是如果是自己咬了自己，毒液就会进入血液中，而胆汁不会进入血液解毒，毒蛇也会死掉。

所以毒蛇在咬完敌人后，毒牙会自动向后倒，以防伤到自己。

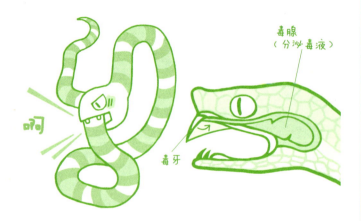

毒腺（分泌毒液）

毒牙

毒蛇的毒液有4种。第一种是被咬之后不太痛，但是会无法呼吸的"神经毒素"；第二种是被咬之后非常痛，血管和肌肉都会受损的"血液循环毒素"；第三种是前两者的混合毒；第四种是海蛇特有的细胞毒素。

节肢动物 | 哺乳类 | **鸟类·爬行类** | 鱼类·水生物类 | 其他动物类

271 人气值

变色龙为什么可以变色呢?

答案是什么呢?请从下面3个答案中选出一个吧!

 1 皮肤里的色素细胞变化了。
根据周围的环境变化哦!

 2 因为皮肤变得像镜子一样。
可以倒映出周围的景色哦!

 3 会变成吃下去的食物的颜色。
如果吃到绿色的东西就会变成绿色哦!

答案在下一页!

答案 1 根据光线、温度和情绪,皮肤中的色素细胞会发生变化。

很多人以为,变色龙身体里有各种颜色的色素,根据周围环境的变化,变色龙会挑选一样的颜色,把自己伪装起来,其实并不是这样的哦。

一些科学家认为,变色龙的皮肤中有3层色素细胞,分别是红色、黄色和暗蓝色。3层细胞彼此作用,变色龙才发生变色。

而另一些科学家认为,变色龙的皮肤细胞中排列着很多晶体,如同百叶窗一样,晶体排列的密集,就会将光线中的绿色反射回来,此时变色龙看起来就是绿色的。

此外,变色龙的颜色也会根据它的心情变化哦。比如,遇到了心仪的异性,变色龙会变得很鲜艳,来吸引对方。

变色龙用皮肤而不是眼睛来感知光的强弱,所以闭着眼睛也可以变色。另外,变色龙的颜色还能反映出它的情绪。

节肢 | 哺乳动物类 | 鸟类 | 鱼类 | 爬行类 | 水生类 | **其他动物类**

272 人气值

为什么排行榜 **21** 位

为什么人类没有尾巴?

答案是什么呢?请从下面3个答案中选出一个吧!

1. 因为人类是从无尾猴进化过来的。
是没有尾巴的奇怪的猴子哦!

2. 因为切着切着就不长了。
尾巴很碍事,原始人会把尾巴切掉哦!

3. 因为不需要尾巴,尾巴就消失了。
最早的人类祖先是有尾巴的哦!

答案在下一页!

答案 3

最早的人类祖先是有尾巴的，后来因为尾巴没有用就退化了。

最开始在陆地上生活的动物都是有尾巴的，所以人类的祖先也是有尾巴的。

尾巴有平衡身体、捕捉东西、表达情绪的作用。大多数猴子都是有尾巴的种类。但是，随着在陆地上生活的时间逐渐变长，猴子习惯把前脚当作手一样使用，慢慢的就不用尾巴了，尾巴就逐渐消失了，这种现象叫作"退化"。

和人类祖先关系紧密的黑猩猩或是大猩猩都没有尾巴哦。

没有尾巴的黑猩猩

人类的骨骼
脊椎骨
尾骨（尾巴的残余）

熟练使用长尾巴的蜘蛛猴

人类宝宝在妈妈肚子里的前两个月还是有尾巴的，不过尾巴会慢慢变短，最后就变成了屁股上的一截尾骨，尾骨就是尾巴的残余。

为什么排行榜 **20** 位

节肢动物 | 哺乳动物类 | 鸟类·爬行类 | 鱼类·水生物类 | 其他动物类

273 人气值

为什么四条腿的动物那么多?

答案是什么呢?请从下面3个答案中选出一个吧!

1 四个鱼鳍变成了腿。

陆地上的动物都是从鱼类进化来的哦!

2 因为四条腿走路最方便。

最开始动物的腿数量都是不一样的哦!

3 因为从六条腿变成了四条腿。

从六条腿的昆虫变成了四条腿哦!

答案在下一页!

答案 1

因为由鱼的四个鱼鳍进化成了腿。

现在住在陆地上的脊椎动物都是四条腿。经过长时间的分化，分为两栖类、爬行类、鸟类和哺乳动物，但是在最初，这些动物都是由海里的鱼类进化而成，再分化成多种动物的。

为了方便游泳，鱼的身体上有四个鱼鳍。但是，用鱼鳍在陆地上不能顺利地行走。因此，位于前胸部的鱼鳍进化成两条前腿，腹部的鱼鳍进化为两条后腿。

这样一来，陆地上的动物就都是四条腿了。并且根据它们生活环境的不同，有的动物还进化出了指头和指甲。

→ **甲胄鱼**
生活在4亿5千万~3亿6千万年前。

大鲵（两栖类）
虽然有四条腿，却生活在水中。

腔棘鱼
生活在3亿年前的鱼类，推测是用带骨的鱼鳍游泳的。

狐狸（哺乳动物）
用四条腿在陆地上生活。

鸟类看上去只有两条腿，但其实最初也是有四条腿的，后来两条前腿为了飞行进化成了翅膀，自由翱翔。

| 节肢动物 | 哺乳动物类 | 鸟类·爬行类 | 鱼类·水生物类 | 其他动物类 |

为什么排行榜 19 位

274 人气值

水族馆里面的鲨鱼为什么不吃周围的小鱼?

答案是什么呢？请从下面3个答案中选出一个吧!

1 因为周围的小鱼都不好吃。

难吃得鲨鱼根本不想吃!

2 因为人类会喂给鲨鱼足够的食物。

肚子不饿吃什么呀!

3 周围的小鱼都很擅长逃跑。

会训练它们的逃跑技能哦!

答案在下一页!

答案 2

因为人类会把鲨鱼喂饱。

我们会看到水族馆里的鲨鱼和其他小鱼在一起游泳的景象。但是鲨鱼并不会追赶、捕杀这些小鱼。这是因为它们已经被喂饱啦。如果肚子不饿,是没有必要追着小鱼吃的。

只不过,虽然不饿,但鲨鱼对血的味道还是很敏感的,如果有受伤的鱼被鲨鱼闻到,鲨鱼就会兴奋起来,发起攻击。另外,太小太弱的鱼会被鲨鱼一不小心吞掉。

即使把很多鱼放到一起喂养,只要食物充足,大家都吃饱了,就不会经常打架。另外,鱼类通常只吃那些和嘴巴大小差不多的食物。

为什么排行榜 18 位

节肢动物 | **哺乳动物类** | 鸟类·爬行类 | 鱼类·水生物类 | 其他动物类

275 人气值

狗狗为什么喜欢舔人类?

答案是什么呢?请从下面3个答案中选出一个吧!

1 狗狗在表达对人类的喜欢。
也是在撒娇要食物吃呢!

2 狗狗想把人类舔干净。
和狗狗舔自己的意思是一样的哦!

3 因为人类看上去很好吃。
人身上还留着食物的味道呢!

答案在下一页!

答案 1 狗狗在表达自己的喜爱之情才会舔人。

狗狗确实非常喜欢舔舐人类的脸和手,家里养的狗狗一见到主人就会飞奔过去,把主人的脸舔得湿哒哒的。

这是狗狗表达喜爱的方式。它们也是这样舔舐自己的宝宝的,和人类父母喜欢抱着宝宝哄着宝宝是一样的。另外,小狗向妈妈撒娇要食物时也会舔妈妈哦。

狗狗舔人类,是喜欢这个人的表现,体现了狗狗开心的心情。

小狗向狗妈妈要食物时会舔狗妈妈的嘴巴,狗狗也会向人类撒娇索要食物。狗狗舔人类的手也有想从手里拿到食物的意思。

| 节肢动物 | 哺乳动物类 | 鸟类·爬行类 | 鱼类·水生物类 | 其他动物类 |

276 人气值

为什么排行榜 **17** 位

蚂蚁用什么挖巢穴？

答案是什么呢？请从下面3个答案中选出一个吧！

 1 用小木棍挖。
要找到适合自己的木棍哦！

 2 用嘴一点点挖。
很辛苦，要挖各种各样的房间哦！

 3 不用挖的，找地上的缝钻进去就行。
才不要那么辛苦呐！

答案在下一页！

答案 2

蚂蚁用嘴，也就是上颚当作铲子。

蚂蚁的嘴上有像钳子一样的结构，称为上颚。当两片上颚合起来时，就变成了铲子，挖土建巢。两只前足也会帮忙挖土运土。

蚂蚁的巢穴有各种不同的形状。有食物房、卵房、幼虫房、垃圾场等，各种房间连接在一条隧道上。

蚁后的房间

我的房间在最里面哦！

上颚

不仅是土中，有的蚂蚁还会在木桩里挖掘巢穴。而行军蚁是露营生活的，并不建巢穴。

节肢动物 | **哺乳动物类** | 鸟类·爬行类 | 鱼类·水生物类 | 其他动物类

277 人气值

为什么排行榜 **16** 位

大象的鼻子一次能吸多少水?

答案是什么呢?请从下面3个答案中选出一个吧!

1. 能装20升左右。
洗澡的时候可以充分淋浴哦!

2. 最多能装1升。
实际上只有鼻子的前端才能装水哦!

3. 能装7升左右。
像7包牛奶那么多哦!

答案在下一页!

答案 **3**

长长的象鼻子可以装7升水。

成年的大象鼻子一次可以吸大约7升水。相当于7包1升的牛奶，知道有多多了吧。

大象的鼻子不仅可以呼吸、闻味道，也可以将水送到嘴里面喝下，或是像淋浴一样洗澡。

大象的鼻子是鼻子和上嘴唇延伸长成的。大象的祖先是像猪一样的短鼻子，为了方便摘取食物，鼻子才变长了。

大象的鼻子很柔软，非常灵活，像花生那样的小东西都可以轻易取食。对于身体庞大的大象来说，鼻子就像是它们的胳膊和手一样，有重要的作用。

| 节肢动物 | **哺乳动物类** | 鸟类·爬行类 | 鱼类·水生物类 | 其他动物类 |

为什么排行榜 **15** 位

278 人气值

狗狗的鼻子有多灵？

答案是什么呢？请从下面3个答案中选出一个吧！

1. 有人类的100倍那么灵。
狗狗的鼻子非常灵哦！

2. 有人类的100万倍那么灵。
一点点味道也能闻到哦！

3. 有人类的10000倍那么灵。
就是这么灵哦！

答案在下一页！

答案 2

有人类的100万倍那么灵。

狗狗的鼻子有人类的100万倍那么灵,特别是对动物的气味非常敏感。

狗狗鼻孔里面的黏膜上有感知气味的嗅觉细胞,这种细胞大约有2亿个。所以即使一点点味道也能捕捉到。

不同种类的狗狗嗅觉灵敏度不同。人类根据狗狗的特性,将狗用于追踪、缉毒、搜爆、搜救等工作。狗狗不仅是人类生活的伙伴,更是工作中的得力助手。

史宾格犬

比格犬

为了嗅到气味,鼻子突出来的狗狗非常有优势。像斗牛犬那样鼻子位置较低的狗狗就不擅长闻气味,没有鼻子突出来的狗狗对气味那么敏感。

| 节肢动物 | 哺乳动物类 | 鸟类 | 鱼类·爬行类 | 水生物类 | 其他动物类 |

为什么排行榜 **14** 位

279 人气值

蚁狮的坑穴到底是怎样的?

答案是什么呢？请从下面3个答案中选出一个吧!

1 非常深，落到里面的虫子无法爬出。

有的坑穴有30厘米深呢！

2 坑穴底部有黏糊糊的网。

就像蜘蛛网一样，很恐怖哦！

3 坑穴的底部有蚁狮。

正等着猎物的掉落呢！

答案在下一页！

答案 3

坑穴的底部有蚁狮在等着猎物。

蚁狮是蚁蛉的幼虫，它们会制作一个倒三角形的坑穴，等着吃掉下来的蚂蚁等虫子。

蚁狮的头上有一把大"剪刀"。它们在有干燥沙土的地方挖造坑穴，然后藏在坑底，等待猎物掉落。

蚂蚁等虫子滑倒掉入坑穴后，蚁狮会迅速地扬起周围的沙土，把猎物埋起来，不让它爬出去。然后用"剪刀"钳住猎物，"剪刀"会分泌出消化液将猎物腐蚀，再把它吞掉。

蚁狮（蚁蛉的幼虫）

虽然有个坑穴，但是并不是经常有猎物掉下来，而蚁狮又必须在坑底安静地等着，所以有时候蚁狮可以一个月不吃东西也没关系。

节肢动物 | 哺乳动物类 | 鸟类·爬行类 | 鱼类·水生物类 | 其他动物类

为什么排行榜 13 位

280 人气值

听说有会爬树的鱼，是真的吗？

答案是什么呢？请从下面3个答案中选出一个吧！

1 是真的。爬树是为了找虫子。
在广东有这种鱼哦！

2 假的。那只是一个传说。
有一个传说是"缘木求鱼"哦！

3 假的。错把蜥蜴当成了鱼。
虽然还在调查中，但很可能是假的哦！

答案在下一页！

答案 1 会爬树的鱼真的存在。

这种鱼学名叫弹涂鱼,又叫跳跳鱼。生活在近水边的沙滩附近或长满红树林的地方。跳跳鱼虽然是鱼,但有很多时间在陆地上生活。

跳跳鱼上岸的时候,会在鱼鳃里存很多空气和水,皮肤和尾巴起到辅助呼吸作用。跳跳鱼喜欢吃虫子,所以会爬上树找虫子。

它们在陆地上可以熟练使用鱼鳍,一步一步前行。但是并不是很擅长游泳。

爬树的跳跳鱼

跳跳鱼的肚子上有吸盘一样的腹鳍。它们用腹鳍挂在树上,再用胸鳍向上爬。

为什么排行榜 12 位

281 人气值

体型小的动物都不能长寿吗？

答案是什么呢？请从下面3个答案中选出一个吧！

1 **寿命和体型大小无关。**
似乎动得快的动物死得更快哦！

2 **体型小的动物反而能长寿。**
身体太大容易受伤呢！

3 **体型小的动物一般都不长寿。**
身体大的动物好像更长寿哦！

答案在下一页！

答案 3

体型小的动物通常都不长寿。

首先，体型与寿命的关系一般存在于不同物种间，比如老鼠的寿命短于大象。而在同一物种间就不一定了，体型小的狗狗品种一般比体型大的品种长寿。

体型小的物种性成熟期较短，且繁殖量大，即使寿命短、意外死亡率高，也可以生存下去。

也有例外哦，海龟的个子虽然没有大象大，但是不出意外的话，可以活好几百年呐。

| 节肢动物 | 哺乳动物类 | 鸟类·爬行类 | 鱼类·水生物类 | 其他动物类 |

282 人气值

螃蟹都是横着走吗？

答案是什么呢？请从下面3个答案中选出一个吧！

 也有前后走的螃蟹。

有不横着走的螃蟹哦！

 所有螃蟹都横着走。

螃蟹的身体就是这样的呀！

 螃蟹既可以横着走也可以前后走。

只是通常会横着走哦！

答案在下一页！

答案

1 也有不横着走，而是前后走的螃蟹。

虽然很多螃蟹都是横着走的，但是也有前后走的螃蟹。身体横向比较长的螃蟹是横着走的，而身体纵向比较长的螃蟹是前后走的，特别是后退着走。

螃蟹腿上的关节只能按照固定的方向弯曲，横着走的螃蟹，关节只能横向弯曲。

但是，和身体相连的关节，也可以稍微前后移动，所以即使是横着走的螃蟹，有一些也可以慢慢地前后走。受到惊吓时，还有螃蟹会"嗖"一下前后蹦着走。

喜欢倒着走的旭蟹

比起走路，还有擅长游泳的螃蟹，梭子蟹的近亲会把最后面的腿当作"鱼鳍"，熟练地游泳。

为什么排行榜 **10** 位

283 人气值

候鸟为什么会知道飞行路线呢?

答案是什么呢?请从下面3个答案中选出一个吧!

1 鸟爸妈会把路线教给孩子。
和飞行方法一起教哦!

2 看着太阳和星星的位置。
候鸟还能感知到磁力哦!

3 追随着食物的味道飞行。
肚子饿的时候就能正确飞行啦!

答案在下一页!

答案 2

候鸟看着太阳和星星的位置得知飞行路线。

候鸟之所以可以按照正确的飞行路线飞行,是通过自然现象来知道方向的。有时候山川会有一些特征能够被候鸟记住,但是更多的时候,候鸟白天通过太阳的位置、晚上通过看月亮或星座的位置来判断目的地的方向和位置。

但是,即使是看不见星星的夜晚候鸟也能按照正确的路线飞行。因为候鸟还可以感知风向和地球的磁场来飞行。地球就像一块巨大的磁铁。通过磁场的作用,候鸟也能知道方向。

大雁

候鸟迁徙是为了获得食物和更佳的环境以便小鸟长大,所以向温暖适宜的地方飞行。

节肢动物 | **哺乳动物类** | 鸟类·爬行类 | 鱼类·水生物类 | 其他动物类

284 人气值

为什么排行榜 **9** 位

马站着睡觉，为什么不会累？

答案是什么呢？请从下面3个答案中选出一个吧！

1 马的前腿站着根本不费力。
所以才不累啊！

2 马特别强壮，站一会不累。
马腿上的肌肉超级结实哦！

3 马根本不站着睡觉。
仔细看看马站着时没有睡觉！

答案在下一页！

答案 1 马的前腿构造特殊，站着时很少消耗能量。

马大多时候是站着睡觉的，偶尔半卧下睡，这样可以很快站起来逃跑。全躺下睡的情况极偶尔，不过人工养的马采用这种睡姿会多些，因为不用担心被袭击。

马的前腿与身体形成了肌肉联合，而不是关节。在强健的肌肉中有一种叫作静动力肌的肌肉，消耗能量少，长期站力也不会累。

马的后腿与前腿构造不同，需要消耗能量，产生疲劳感。所以马有时会靠着木桩站立睡觉。

| 节肢动物 | 哺乳动物类 | 鸟类·爬行类 | 鱼类·水生物类 | 其他动物类 |

285 人气值

蝴蝶的翅膀为什么带粉?

答案是什么呢？请从下面3个答案中选出一个吧！

1 为了不被鸟吃。

鸟类很讨厌粉末呢！

2 有防水等作用。

粉末可以隔水呢！

3 作为烟雾弹，眯敌人的眼睛。

扬粉后趁机逃走哦！

答案在下一页！

答案 2

翅膀的粉末可以隔绝雨水等。

蝴蝶翅膀上看似粉末的东西，其实是鳞片，叫作"鳞粉"。显微镜下的翅膀表面有花瓣形状的鳞粉，像鱼鳞一样排列着。

鳞粉有一定防水作用，下小雨的时候，一般不会影响蝴蝶飞行。另外，因为鳞粉很容易脱落，当蝴蝶被蜘蛛网黏住时，可逃脱。

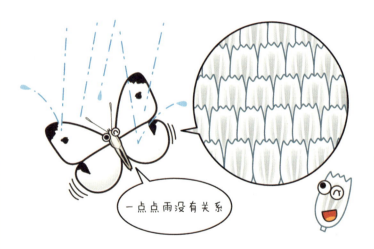

一点点雨没有关系

虽然不同的蝴蝶翅膀的颜色和形状不一样，但是鳞粉掉落后，翅膀大多是透明的。蝴蝶翅膀的颜色有些是靠鳞片的颜色，有些则靠鳞片的排列反射出阳光的颜色。

| 节肢动物 | 哺乳动物类 | 鸟类·爬行类 | 鱼类·水生动物类 | 其他动物类 |

287 人气值

为什么排行榜 **7** 位

如果发现了受伤的野生动物，应该怎么做？

答案是什么呢？请从下面3个答案中选出一个吧！

马上给它包扎。

要先止血！

应该带到动物园或兽医那里。

拜托专业人士比较好吧！

不做什么，只看护。

要相信野生动物的恢复能力哦！

答案在下一页！

答案 3

不要带回家或抚摸它们，可以静静守护。

野生动物和宠物不一样哦，它们和人类不来往，在自然界中顽强地生存着。

受伤可能是遭到其他动物的攻击。攻击的动物可能还在附近徘徊着。另外，受伤动物的父母可能想要帮助受伤的动物而在附近看护。所以还是不要贸然帮忙比较好，如果染上了人类的气味，受伤的动物还可能被家人遗弃。

如果野生动物因为交通事故等快要死了，我们还是想要尽量提供帮助。这个时候可以和附近的人说明，或是和兽医、警察商量一下。

| 节肢动物 | 哺乳动物类 | 鸟类·爬行类 | 鱼类·水生物类 | 其他动物类 |

288 人气值

为什么排行榜 **6** 位

世界上最大的动物是什么？

答案是什么呢？请从下面3个答案中选出一个吧！

1. 大王乌贼。

能和鲸鱼一较高下！

2. 蓝鲸。

体长33米，是世界纪录保持者哦！

3. 非洲象。

还是大象比较大吧！

答案在下一页！

答案 2

蓝鲸是世界上最大的动物。

现在地球上最大的动物是蓝鲸。蓝鲸体长可达33米,最重的可以达到190吨。

这么重的鲸鱼,如果生活在陆地上,恐怕动弹不得,正是在水里,借助浮力,所以才能行动自如。除了蓝鲸,海里还有大王乌贼等大型动物。

蓝鲸的宝宝体长也有7米,据说体重有2吨呢。

恐龙中的地震龙,身长有29~42米长,但是因为生活在陆地上,地震龙的体重远远没有蓝鲸重。

290 人气值

有没有鸟可以往后飞?

答案是什么呢?请从下面3个答案中选出一个吧!

1 没有那样的鸟。
飞行就是要往前飞嘛!

2 有的。所有的鸟都可以往后飞。
虽然平时很难看到!

3 有的。蜂鸟就可以往后飞。
还可以停在空中呢!

答案在下一页!

 答案 3

有的，蜂鸟可以往后飞一点。

一般的鸟儿是不能往后飞的，但是蜂鸟却可以往后飞。蜂鸟生活在南美洲等地方，是世界上最小的鸟，一边飞行，一边吸食花蜜。

吸食花蜜的时候，会拼命扇动翅膀停在空中，一秒大约能拍打翅膀50次。吃完花蜜后再飞到别的花时会保持着之前的姿势，可以往后向下飞行。

蜂鸟和别的鸟比起来，胸前的肌肉非常发达，这有利于它们快速扇动翅膀。蜂鸟胸部的肌肉重量约占体重的1/3。

 麻雀等鸟类也可以弯曲翅膀向上飞行。但是不能像蜂鸟那样后退着飞行。

节肢动物 | 哺乳动物类 | **鸟类·爬行类** | 鱼类·水生物类 | 其他动物类

294 人气值

为什么排行榜 **4** 位

丹顶鹤和乌龟真的长寿吗?

答案是什么呢？请从下面3个答案中选出一个吧!

1 确实都很长寿。

过去的人可以作证!

2 并不是特别长寿。

只是被长寿的人喂养哦!

3 不太清楚。

每只乌龟或丹顶鹤的寿命都不一样呢!

答案在下一页!

答案 1 确实很长寿,但也不是能活1000年。

虽说"万年龟""仙鹤",但是丹顶鹤和乌龟并不能活千年万年。即使那样,它们确实是很长寿的动物。

虽然也有早死的乌龟,但是也有200岁的龟。一般的水龟寿命也就三四十年,但是有些陆龟和海龟能活到100多岁。据说印度有一只250岁的陆龟。

丹顶鹤的寿命可达50~60岁,饲养的话能活60~70年。丹顶鹤是我国一级保护动物,在民俗中象征着长寿、吉祥和忠贞。

您这么长寿,真厉害呀!

哪里哪里,您才是厉害呢!

乌龟的行动非常缓慢,基本不消耗能量。而且据研究,龟身体中细胞分裂的代数比其他动物多。这可能就是龟长寿的秘密。

| 节肢动物 | **哺乳动物类** | 鸟类·爬行类 | 鱼类·水生物类 | 真菌动物类 |

为什么排行榜 第 3 位

300 人气值

听说河马流的汗是血红色的，真的吗？

答案是什么呢？请从下面3个答案中选出一个吧！

1 假的。泥水看上去是红色的而已。
河马不会流汗哦！

2 假的。那是真的在出血。
太热了皮肤会裂开哦！

3 是真的，为了防晒。
和人类的汗水十分不同哦！

答案在下一页！

答案 3 是真的，为了防晒。

人类一热就会出汗，出汗可以降低体温。河马没有汗腺，而是有一种能分泌红色黏液的腺体。而河马"出汗"并不是为了降温，而是为了防止皮肤干燥。

河马从水里到陆地上时，就开始流汗。汗水最初是透明的，慢慢会变成红色。这种体液可以防止日晒。

另外，河马的汗水还有抗菌的作用，是细菌非常讨厌、不愿意接近的液体。它们的汗水真是用处多多。

河马的皮肤很薄，上陆后干燥的话，马上就会裂开。红色的汗水可以防止细菌使裂口化脓发炎。

| 节肢动物 | **哺乳动物类** | 鸟类·爬行类 | 鱼类·水生物类 | 其他动物类 |

303 人气值

鼹鼠晒太阳就会死去，是真的吗？

答案是什么呢？请从下面3个答案中选出一个吧！

1 晒太阳不会死。
像晒日光浴一样舒服呢！

2 30分钟的话没关系。
但是鼹鼠很讨厌阳光，会藏起来哦！

3 马上就会死。非常不耐晒。
特别不能忍受夏天的阳光呢！

答案在下一页！

答案 1

事实上晒太阳根本不会死。

鼹鼠虽然生活在阴暗的地下,但并不意味着鼹鼠晒太阳就会死。鼹鼠家族不仅有在地下生活的成员,还有生活在水边,喜欢游泳的成员,叫作水鼹。

但是,鼹鼠在地面上没有地下那么灵活,经常会被其他动物袭击,人们看到鼹鼠的尸体,还以为是晒死的,其实不是。

鼹鼠的身体构造非常独特,很适合在地下生活。鼹鼠的前脚很大,像铲子一样。毛发细软,即使在狭窄的通道中也不会被卡住,可以前后自由走动哦。

由于长期在地下生活,鼹鼠的眼睛大多退化,只有一条缝或一个点。但是它们的嗅觉很灵敏,找食物完全没问题。

节肢动物 | **哺乳动物类** | 鸟类·爬行类 | 鱼类·水生物类 | 其他动物类

为什么排行榜 1 位

324 人气值

人类可以和海豚交流吗？

答案是什么呢？请从下面3个答案中选出一个吧！

1 不能。
海豚又不会说话！

2 能够传达信息。
如果用海豚能听到的声音就可以哦！

3 能交流的海豚已经出现了。
经过训练海豚也可以说话哦！

答案在下一页！

答案 2

用海豚能听见的声音可以传递信息。

海豚通过发出声音和其他同伴交流。另外,还可以通过声音察觉周围的环境,通过声波反射的方向可以判断出猎物或敌人所在的位置。只不过这种声音的频率是非常高的,海豚发出的声音,人类只能听见一部分。

但是海豚非常聪明,人类如果用海豚能听见的高音和海豚交流,海豚是能明白一些信息的。水族馆的海豚能根据人类用哨子发出的高音,做出各种表演动作。

无论是人类还是海豚,只要能发出彼此都能听见的声音就好了。

和同伴交流。

通过声音察觉周围的环境。

海里100米以下就变得非常暗,海豚与同伴之间通过发出像吹口哨一样的声音,告诉对方自己的位置,进行交流。

页数	排名	问题	对错标记
33	76	蜜蜂是如何制作蜂蜜的?	
35	75	腔棘鱼为什么被称为"活化石"?	
37	74	海马是怎么生出来的?	
39	73	真的有鸟儿不喂养自己的宝宝吗?	
41	72	恐龙还会复活吗?	
43	71	小熊猫和大熊猫真的是近亲吗?	
45	70	可以给仓鼠洗澡吗?	
47	69	海豹可以在淡水里生活吗?	
49	68	有擅长游泳的猫咪吗?	
51	67	外来入侵物种都是坏的吗?	
53	66	鲸鱼的"喷潮"到底是什么?	
55	65	猫为什么会吃草?	
57	64	昆虫有骨头吗?	
59	63	大象会放屁吗?	
61	62	有没有动物在冬眠的时候生宝宝呢?	
63	61	为什么大虾一煮就变红呢?	
65	60	大象怎么睡觉呢?	

页数	排名	问 题	对错标记
67	59	海獭怎么睡觉呢？	
69	58	有没有动物可以在太空中生活？	
71	57	结草虫是什么样的虫子？	
73	56	蛇会游泳吗？	
75	55	蜜蜂为什么要蜇人？	
77	54	鲶鱼真的可以预测地震吗？	
79	53	被鱼钩钓上来的鱼会不会疼？	
81	52	不同的动物指头的数量一样吗？	
83	51	鲑鱼是如何找到自己出生的那条河的呢？	
85	50	每天都有很多动物在灭绝，是真的吗？	
87	49	在水面上生活的鸟类为什么不会溺水？	
89	48	听说有比猫还大的老鼠，是真的吗？	
91	47	蜘蛛为什么不会被自己织的网粘住？	
93	46	什么样的大象能成为象群首领呢？	
95	45	听说鸽子喂宝宝乳汁，是真的吗？	
97	44	浣熊为什么什么都要洗一洗？	
99	43	听说有在水上爬行的蜥蜴，是真的吗？	

页数	排名	问　　题	对错标记
101	42	雏鸟出生后会把第一眼见到的动物当作妈妈吗?	
103	41	翻车鱼一次会产多少个卵呢?	
105	40	有没有像鸟一样大的蝴蝶?	
107	39	豚鼠能活多少年?	
109	38	金枪鱼不游动就会死，是真的吗?	
111	37	鱼的耳朵在哪里?	
113	36	北极熊的皮肤是什么颜色?	
115	35	鲤鱼的须有什么用?	
117	34	冬天在水里的鱼不冷吗?	
119	33	蝴蝶等虫子下雨的时候往哪儿躲?	
121	32	野生动物会不会长蛀牙?	
123	31	为什么大猩猩喜欢捶胸?	
125	30	袋鼠为什么用育儿袋抚育袋鼠宝宝?	
127	29	独角仙到底有多大力气?	
129	28	像狮子一样的肉食动物完全不吃草吗?	
131	27	母鸡一年能下多少个蛋?	
133	26	刺鲀真的有1000根刺吗?	

页数	排名	问题	对错标记
135	25	企鹅怎么睡觉呢?	
137	24	蜥蜴为什么不怕断尾巴?	
139	23	毒蛇如果咬了自己会死吗?	
141	22	变色龙为什么可以变色呢?	
143	21	为什么人类没有尾巴?	
145	20	为什么四条腿的动物那么多?	
147	19	水族馆里面的鲨鱼为什么不吃周围的小鱼?	
149	18	狗狗为什么喜欢舔人类?	
151	17	蚂蚁用什么挖巢穴?	
153	16	大象的鼻子一次能吸多少水?	
155	15	狗狗的鼻子有多灵?	
157	14	蚁狮的坑穴到底是怎样的?	
159	13	听说有会爬树的鱼,是真的吗?	
161	12	体型小的动物都不能长寿吗?	
163	11	螃蟹都是横着走吗?	
165	10	候鸟为什么会知道飞行路线呢?	
167	9	马站着睡觉,为什么不会累?	

页数	排名	问　　题	对错标记
169	8	蝴蝶的翅膀为什么带粉？	
171	7	如果发现了受伤的野生动物，应该怎么做？	
173	6	世界上最大的动物是什么？	
175	5	有没有鸟可以往后飞？	
177	4	丹顶鹤和乌龟真的长寿吗？	
179	3	听说河马流的汗是血红色的，真的吗？	
181	2	鼹鼠晒太阳就会死去，是真的吗？	
183	1	人类可以和海豚交流吗？	

成绩单

你做对了几道题呢？

合计

第一次 ☐

第二次 ☐

0～29 道题：勉勉强强吧。仔细阅读一下答案，再来挑战一遍吧！

30～49 道题：恩！真不错！超过了平均水平哦！

50～79 道题：你很了解动物呀！是不是班级里的动物王呢？

80～90 道题：棒了！你就是真正的"动物知识王"！

图书在版编目（CIP）数据

超级问问问. 动物自然 /（日）学研教育出版编著；庞思思译. —北京：化学工业出版社，2017.5（2023.1重印）
ISBN 978-7-122-29175-2

Ⅰ.①超… Ⅱ.①学… ②庞… Ⅲ.①生物学-青少年读物 Ⅳ.①Q-49

中国版本图书馆CIP数据核字（2017）第038536号

なぜ? どうして? 生き物NEWぎもんランキング
学研教育出版・編・著
Naze? Doshite? Ikimono New Gimon Ranking
© Gakken Education Publishing 2013
First published in Japan 2013 by Gakken Education Publishing., Ltd. Tokyo
Simplified Chinese character translation rights © arranged with
Gakken Plus Co., Ltd. through Beijing Kareka Consultation Center
北京市版权局著作权合同登记号：01-2016-6909

责任编辑：丰 华 宋 娟　　　　　装帧设计：北京八度出版服务机构
责任校对：边 涛　　　　　　　　　封面设计：周周设计局

出版发行：化学工业出版社（北京市东城区青年湖南街13号　邮政编码100011）
印　　装：北京新华印刷有限公司
787mm×1092mm　1/32　印张6　字数400千字　2023年1月北京第1版第3次印刷

购书咨询：010-64518888　　　　　　售后服务：010-64518899
网　　址：http://www.cip.com.cn
凡购买本书，如有缺损质量问题，本社销售中心负责调换。

定　价：29.80元　　　　　　　　　　　　　　　　版权所有　违者必究

动物十万个为什么 成绩计算表

你做对了几道题呢？统计一下正确的题目，看一下191页的成绩表吧！

页数	排名	问　　题	对错标记
5	90	考拉怎么养育小宝宝？	
7	89	有没有产卵的哺乳动物？	
9	88	日本有狼吗？	
11	87	乌贼的头在哪里？	
13	86	屎壳郎为什么要推粪球？	
15	85	都说"雀蒙眼"，鸟类在夜晚真的看不见东西吗？	
17	84	猫和狗真的关系不好吗？	
19	83	奶牛一整年都在产奶吗？	
21	82	寄居蟹从出生开始就有壳吗？	
23	81	潮虫为什么会迅速团成一团？	
25	80	大熊猫只吃竹子吗？	
27	79	树懒到底有多"懒"？	
29	78	长颈鹿脖子的骨头比其他动物要多吗？	
31	77	斑马身上为什么有条纹？	